现 代 科 普 博 览 丛 书

# 珍奇植物与奇异动物

## ZHENQI ZHIWU YU QIYI DONGWU

宋发红 编

U0200914

黄河水利出版社

·郑州·

**图书在版编目(CIP)数据**

珍奇植物与奇异动物/宋发红编 .—郑州:黄河水利出版社,2016.12 (2021.8 重印)
(现代科普博览丛书)
ISBN 978-7-5509-1468-1

Ⅰ.①珍… Ⅱ.①宋… Ⅲ.①珍稀植物-青少年读物 ②珍稀动物-青少年读物 Ⅳ.① Q94-49 ② Q95-49

中国版本图书馆 CIP 数据核字(2016)第 175288 号

出版发行:黄河水利出版社
社 址:河南省郑州市顺河路黄委会综合楼14层
电 话:0371-66026940 邮政编码:450003
网 址:http://www.yrcp.com

印 刷:三河市人民印务有限公司
开 本:787mm×1092mm 1/16
印 张:9.5
字 数:130千字
版 次:2016年12月第1版 2021年8月第3次印刷
定 价:39.90元

# 目　录

# 动 物 篇

## "眼 睛"最 多 的 昆 虫

在所有的昆虫中,蜻蜓的复眼最大,它们鼓鼓地突出在头部的两侧,占头部总面积的三分之二以上,由28000个小眼面组成。蜻蜓的视力是很发达的,能在飞行中捕捉小昆虫;它们在草茎上停息时,每当人影掠过,也能感知。蝴蝶的复眼比蜻蜓小,由12000～17000个小眼面组成;龙虱的复眼有9000个小眼面;家蝇的复眼有4000个小眼面。有些昆虫的复眼,小眼面不到100个,它们可能连物体轮廓也看不清。生活在土壤中的一些蚂蚁,周围一片黑暗,视力极不发达,它们的复眼只有6个小眼面,只能模糊地辨别光线的来源,它们的感觉更多地依靠触觉和嗅觉。

## 蚂 蚁 为 何 要 互 相 碰 触 角

昆虫一般没有鼻子,但是却有非常灵敏的嗅觉,这是因为它们的触角起到鼻子了的作用。蚂蚁的眼睛不太好用,视力很差,它们的触角就担任了通常眼睛扮演的角色。

蚂蚁不会叫，它们头上的触角，便是彼此联系沟通的工具。你们看蚂蚁们住在地下黑暗的巢穴里，纵横交错的地道网十分复杂，这么多蚂蚁成天忙忙碌碌地进出巢穴，寻找、搬运和贮藏粮食，还要产卵繁殖，躲避敌害，整个家庭却井然有序，就全靠它们用触角交流信息、沟通情况。

蚂蚁的触角为什么能起到如此大的作用呢？原来两只蚂蚁在互相碰触角时，能分泌出一种化学物质，传送给对方，这种化学信号对蚂蚁的神经发生刺激作用，使蚂蚁知道该做些什么。

## 社 会 化 的 昆 虫 世 界

蜜蜂、蚂蚁的生活方式是一种有组织分工的群居生活，它们内部有着明确的"专业"分工。有的专门负责击退天敌或进行捕食；有的负责筑穴或为食物进行加工；还有一些专门从事繁殖或看护下一代。它们之间能通过它们自己的语言互相联络照应。它们具备了社会生活的三大要素——组织、分工、联络。因此，群居的昆虫社会与人类社会有着令人费解的相似之处，在某些方面昆虫社会似乎比人类社会的分工更为精密、更为协调。

让我们来看一看蜜蜂社会。在一个蜂群中，可分为蜂王、工蜂和雄蜂三类，三者相依为生，各有专责，缺一不能生活。无论雄蜂或工蜂，一旦脱离"集体"，根本发挥不出半点作用，而且无法生存。在每一个蜂群中，蜂王占有重要地位，煞费苦心地负责生殖的伟大功能。工蜂负责采蜜、采花粉、清洁蜂房、筑巢、哺育幼虫等工作。而雄蜂除受精传代之外，别无他事，但一个完整的蜂群，是不能少了它的。这三类蜂共同组成一个整体，丝毫不可分割。

再看蚂蚁，分工就更细了：它们把工作分成若干等级，每个等级的蚂蚁只做一样工作,如耕种、畜牧、看护、建设、作战、储粮和生育等。不同等级的蚂蚁会长得完全不同。兵蚁的体形比其他雌蚁大,有巨大的颚,可把来犯的敌人撕得粉碎。蚁后的任务是繁殖,它的腹部要比别的蚂蚁大许多倍。相对来说,工蚁的体型较小,护卵、储粮、伺候蚁后等工作都由工蚁担任。

# 昆 虫 的 本 领

科学家研究表明,在我们常见的昆虫中有许多本领没有被正确解释。比如,苍蝇落在垂直光滑的玻璃上不但不滑落,而且还能在上面爬行。以前人们认为是因为苍蝇有六只脚,且每只脚上有两个趾甲。其实用显微镜观察苍蝇的脚可以发现,除趾甲外,在两个趾甲根部中间还有一个被一排茸毛遮住的爪间盘。是爪间盘分泌出的脂质液体起了关键作用。检查苍蝇留下的足迹,可证实分泌物确实存在。

长期以来,人们认为昆虫都是聋子,其实它们都有"敏感和特化的听觉器官",能感受到像食虫蝙蝠的超声波。除螳螂外,其他昆虫都有两个"耳朵",分布于它们的前腿、胸背或腹部。而螳螂只有一个椭圆形、由一层薄表皮折叠于胸沟中的"耳朵"。一般一种声音的定位是通过动物"两耳"输入声音进行比较而获得。而螳螂独特的听觉器,不仅是个新奇的"耳朵",还是一个复杂回避系统,故它在晚上既能捕获猎物,又能逃避敌害。

以前的生物学家一直认为,无脊椎动物是根据特定的路径上的一系列标志的顺序记住该路的。实际上无脊椎动物脑内也有自己的"地图"。蜜蜂就是靠记住蜂房周围的地理特征,而按最短距离在两点间飞行的。美国科学家的实验证明了这一点。

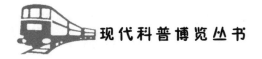

我们通常认为蜻蜓的飞行本领不如飞鸟的先进,其实这又错了。研究表明,蜻蜓无须改变其身体和翅膀的形状,即能起飞、滑翔或飞行。而且这种昆虫惊人地敏捷,它能自由自在地飞翔,也能突然向斜刺里飞去,有的甚至还能倒退飞行。它利用的是一种与飞机平稳飞行或鸟类翱翔截然不同的飞行方式来完成的。

## 身披"水手衫"的兽

在非洲大草原上,斑马是一种十分引人注目的兽。它们身上那黑褐色与白色相间的斑纹,在阳光下显得格外美丽,就像是穿上了一件漂亮的水手衫。

斑马是非洲的特产,是属于奇蹄目马科的动物,一共有三种,即细纹斑马、山斑马和草原斑马。它们都喜欢群居生活,常常是成百上千只的聚集在一起的。在广阔的非洲大草原上或山岳或树林地带迁徙,以青草和树叶为食。山斑马是斑马中体形最小的一种,它平常栖息在山地,很少到草原上来。它爬山越岭的本领很强,可以在山上疾跑如飞。细纹斑马是斑马中体型最大的一种,也是最漂亮的一种。它身上的斑纹不但很长,而且又细又密,再加上它的耳朵特别大,鬃毛特别长,更显得与众不同。草原斑马是数量最多的斑马,它生活在草原上,奔跑的速度很快,是草原上的"飞毛腿"。

为什么斑马要穿漂亮的"水手衫"呢?动物学家们研究发现,原来,它们穿上这件美丽的外套是为了安全需要。斑马身上黑褐色和白色的条纹,可以像迷彩服一样,起到分散、模糊形体轮廓的作用,使它们同周围的环境融为一体,以减少被敌害发现的机会。动物学家在试验中发现,十几只斑马站在灌木丛中不动,人们就是走到只有几十米的地方，也很难发现它们。还有，斑马是群居生活的，当狮子、猎豹这些敌害扑入斑马群时，它们的眼睛往往会被狂奔逃命的斑马身上的条纹搅得眼花缭乱，不知该扑向哪里好，等到反应过来，斑马都早已跑远了。斑马身上的条纹除了可以保安全，还有一种妙用，就是可以有效地防止舌蝇的叮咬。因为当舌蝇飞近斑马时，也会被它身上的条纹搅得眼花缭乱而离开。

# 鼻孔朝天的兽

在我国四川、甘肃、云南、贵州等地的高山密林中，栖息着一种十分珍奇稀有、美丽惊人的动物，那就是我国独有的金丝猴。由于数量极为稀少，它至今还没有在国外展出过呢。

金丝猴的确十分美丽，它肩上披有细软的长毛，就像是穿了一件蓑衣。那长毛颜色金黄，有阳光的照射下，就像是金丝一样闪闪发光，它也因此而得名叫金丝猴。生活在云南、贵州的金丝猴，由于毛色有些发黑、发灰，人们又把它们叫做黑金丝猴、灰金丝猴。金丝猴的脸也长得生动有趣，青色的脸颊，圆圆的黑眼珠，一只鼻孔朝天的鼻子，这副怪模样，在猴类中是绝无仅有的。所以，有人又叫它仰鼻猴。

金丝猴喜欢集群生活，每群几十只以上，它们在海拔 2000～3000 米的密林里，过着游荡的生活。当它们从一棵树到另一棵树上时，总是从树枝间跳跃而过，距离可以达到三四十米远。因此，它又有了"飞猴"的美誉。金丝猴十分聪明机警，担任猴王的大雄猴，时时注意着周围的环境，一有什么风吹草动，立刻带领猴群飞快离去。有趣的是，为了安全，金丝猴和盘羊成了好朋友，它们常

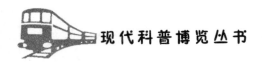

在一起生活。这样,金丝猴可以了望远处的敌情,盘羊也可以对树下敌害及时报警。为了提醒树下的朋友,一旦遇敌,金丝猴便立即尖叫声向盘羊示警,盘羊听到便可以及时地逃避。

传说雌金丝猴十分爱护自己的幼子,当它被猎人围住不能脱身时,就用手势向人表示自己有吃奶的幼子,以乞求放过。如果猎人不肯,它便把孩子放到一边,用手指着自己的胸膛,表示要代替孩子死去。看到此番情景,有谁还忍心伤害它们呢?

## 会使用"化学武器"的兽

毒气是人类在战争中发明的一种化学武器。由于它难以防御,杀伤力极大,已经被国际公约禁止使用。然而有趣的是,在动物世界里,一些动物为了驱敌避害、捕食猎物,也使用了"化学武器"。

黄鼬俗名"黄鼠狼",是分很广的食肉小兽,无论是山区或平原,都能见到它的踪迹。因为它行动小心谨慎,显得鬼鬼祟祟的,有时还会潜入人家偷食鸡鸭,所以人们都认为它是"偷鸡贼"。"黄鼠狼给鸡拜年——没安好心"这句歇后语就是从它那儿来的。其实,因偶尔偷吃几只鸡鸭而把黄鼬说成害兽是不公平的。黄鼬的主要食物是田鼠,每年它都要帮助人类消灭掉大量这样的害人精。黄鼬的"化学武器"在哪里?它是怎样使用的呢?别忙,让我来慢慢告诉你。在黄鼬的肛门附近有一对腺体,从那里可以分泌出一种极臭的液体。别看这腺体不怎么起眼,它就是黄鼬独特的"化学武器"。当黄鼬遇到猎狗之类的敌害追捕,眼看就要落入"虎口"的时候,它便猛然施放出臭不可闻的臭液来,正在追赶的敌害被这突如其来的"毒气弹"猛然一熏,几乎喘不上气来,不得不停下脚步来躲避。这时候,黄鼬便乘机脱逃了。一个臭屁救了一条命,这真是"救命屁"啊!

刺猬浑身长满了针刺,一遇危险就将身体蜷缩起来。面对那钢针般锐利的尖刺,一般的食肉兽虽然馋涎欲滴也不得不走开。而黄鼬遇到这种情况便施展它的"化学武器",对准刺猬身体缝隙放上一屁,用不了多久,刺猬就会被臭气麻醉,将身体伸展开来。这时候,黄鼬就可以慢慢地消受美味的刺猬肉了。

# 会使用工具的兽

我们人类在生产和生活中都离不开工具。工具使我们战胜自然、改造自然的能力大大提高。能否制造和使用工具,也是我们人类与动物的本质区别。动物虽然不会制造工具,但是有些聪明的动物却会利用简单的工具来做一些事情。在兽类王国中,最会使用工具的是我们人类的近亲猩猩。它们常常会利用木棍、石块去够取食物或抵叉东西等。猴子也是十分聪明的兽,经过模仿和训练,它们也能使用一些简单的工具。

除了智商较高,和人类沾亲带故的猩猩、猴子会使用工具外,生活在白令海域的海獭也是一种会使用工具的兽。海獭是十分善于游泳和潜水的鼬科动物,它最爱吃的食物是海胆、鲍鱼、贻贝等海贝。然而,这些味道鲜美的海味要想吃到嘴里并不那么容易,它们不但生活在海底,而且身上还长有一层坚硬的贝壳,用牙是难以咬开的。不过聪明的海獭没有被这道难题所难住,在长期的生存进化中,它学会了利用工具来觅食。海獭使用的工具是一个小石块,当它潜入海底将海贝捞出海面以后,便翻转身躯,将小石块放在自己的胸前当砧板,然后用前爪抓住海贝往小石块上

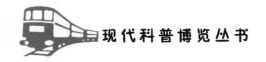
敲,贝壳就被敲碎了。这时候,海獭就可以将鲜美的贝肉抠出来吃掉。

海獭对自己使用的工具——小石块保管得十分精心,总是随身携带,不用的时候,便把它夹藏在前肢下一个松弛的皮囊里,等到下一次吃食的时候再拿出来使用。

## 有 多 个 胃 室 的 兽

胃是动物的消化器官,一般的动物,包括我们人类只有一个胃室。然而奇特的是,一些兽类竟有好几个胃室。我们所熟悉的鹿、骆驼、牛和羊就是这样的动物。如果我们留心观察一下正在休息的这些动物,就会发现它们的嘴巴总是在不停地咀嚼着什么,好像在吃着什么难以嚼碎的东西。它们到底是在嚼什么呢?原来它们是在嚼从胃里返回到嘴里还没有嚼碎的消化的草。像这样,把吃到肚子里去的食物返回到嘴里再重新咀嚼消化的现象叫反刍。因此,有这样习性的动物又叫反刍动物。

反刍动物为什么要重新咀嚼消化食物呢?这和它们与众不同的胃是分不开的。鹿、牛和羊的胃有四个室,骆驼的胃有三个室。这些胃室中最大的一个叫瘤胃,其他的几个胃室加起来也不到它的一半大。瘤胃的前面与食道相通,后面和第二个胃室、很像蜂窝形状的蜂巢胃相连,蜂巢胃的另一端又同椭圆形的重瓣胃相接,重瓣胃下还连有梨形的皱胃,再往下才是肠子。反刍动物吃草的时候,没等把草嚼碎就咽了下去,这些没嚼好的草进了瘤胃以后,就暂时存在那里。瘤胃没有消化腺,食物在瘤胃里只是被唾液浸软了,等到反刍动物休息的时候,这些食物便返回到口腔中慢慢地细嚼,然后将嚼好的食物吞入到蜂巢胃里开始消化。在蜂巢胃和重瓣胃里，食物又进一步地被研磨得更细、更碎，等到最后进入皱胃以后，皱胃分泌出消化液将食物消化，然后再进入肠子加以吸收。

反刍动物有这样特殊的胃和奇特的反刍习性，是它们在进化过程中长期适应自然的结果。这样，它们可以在旷野很快地吃饱肚子，将食物存在瘤胃里，然后等回到隐蔽安全的地方休息时，再反刍到口中细细地咀嚼消化。

## 善于巧妙合作的兽

在动物世界里，有一些动物在长期的相处过程中，形成了一种互相依存、互相帮助的合作关系。

犀牛是一种力大无比的兽。它的皮肤坚如铠甲，头部那根碗口粗的长角，任何猛兽被它顶到都会完蛋。别说是鬣狗、猎豹，就是被称为兽中之王的狮子也敌不过它。发起脾气来，连大象也要让它三分。然而，就是这么一个粗暴勇猛的家伙，却也有犀牛鸟这样知心的伙伴。犀牛鸟常常停栖在犀牛身上，为犀牛清除那些讨厌的蚊虫。犀牛对犀牛鸟也格外欢迎，任它在自己身上飞上飞下。

北极熊也是一种善于合作的兽。它的合作伙伴是北极鸥和北极狐，它们常常在一起合作捕猎海豹。开始捕猎时，北极鸥先像侦察机一样在冰原上飞行。当它发现海豹后便飞回到北极熊的上空，引导北极熊和北极狐向目标前进。来到目标附近以后，北极鸥便飞到海豹的上空吸引海豹的注意力。

这时候，北极狐也跑过来在离海豹很近的地方打滚转圈子，逗引海豹。当海豹全神贯注地看北极鸥和北极狐表演的时候，北

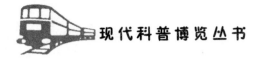

极熊便悄无声息地来到它身旁,将它捕获。有趣的是,北极熊在饱餐一顿海豹肉以后,总会忘不了给自己的合作伙伴留上一些。

食蜜獾和食蜜鸟也是一对善于合作的好搭档。食蜜鸟发现蜂巢以后,就急忙飞去找食蜜獾,然后引导着它去发现蜂巢的地方。食蜜獾善于爬树,浑身又长满长长的密毛,不怕蜂群蜇咬。当它把蜂巢破坏弄出蜂蜜来后,就开始和食蜜鸟一同分享甜美的蜂蜜。

你看,动物们合作是多么有趣啊!

## 有五只"手"的兽

南美洲的热带森林,是野生动物的乐园。在那里,人们可以看到一种有五只"手"的兽在茂密的热带雨林间来回跳跃、游荡,这种奇特的兽就是美洲特有的动物——蜘蛛猴。

蜘蛛猴是猴类中十分独特有趣的一种。它的四肢长得又细又长,脑袋又小又圆,特别是那根细长的尾巴,几乎超过它身体10多厘米。因为它的毛色多是黑色、褐色、灰色的,再加上它肢体细长的形体和树上攀援飞越的动作,远远地望去,很像一只硕大的蜘蛛。所以,人们才给它取了蜘蛛猴这个十分形象的名字。细心的读者读到这里可能会问:不是说蜘蛛猴是有五只"手"的兽吗?可现在,从书里只看到它同其他兽类一样,也只有四肢。那它的第五只"手"在哪里呢?请先别急,下面我们就来说说蜘蛛猴的第五只"手"。蜘蛛猴的第五只"手"就是它那根细长的尾巴。蜘蛛猴的长尾巴不但比它自己的身体还要长,而且异常敏感,有极强的缠绕抓拽能力。蜘蛛猴用它的长尾巴像手臂一样攀援树木的枝杈,不但可以轻松灵巧地从一棵树飞跃到另一棵树上,而且可以紧紧地缠绕在树枝上,把自己的身体像灯笼似的悬吊在空中。如果你有机会看到它用那根灵活的尾巴,把像花生米大小的食物卷起,准确地送入自己的口中的时候,你一定会惊叹蜘蛛猴的第五只"手"的奇妙。有趣的是,蜘蛛猴的前爪由于没有拇指,缺乏对握的能力,所以有时还没有它的尾巴灵活呢。

蜘蛛猴的第五只"手"除了攀援,还有调节体温的作用。天气炎热的时候,它可以像散热器一样将身体内的热量散发出去。

# 会给自己治病的兽

人生了病,自然要去医院找医生看病吃药。有趣的是,一些野生动物如果生了病、受了伤,它们也会给自己治病、治伤呢。

生活在热带原始森林里的猴子,有时会患上疟疾病,浑身发冷打战,十分难受。这时候,生病的猴子就会去啃食金鸡纳霜树的树皮。金鸡纳霜树的树皮里,含有一种治疗疟疾病有特效的药物成分——金鸡纳霜素。猴子吃了它,用不了多久,病情就会减轻痊愈。

洗矿泉、温泉澡,是人们常用的治病方法。然而,有一些动物也懂得洗矿泉、温泉治病。美洲灰熊关节有了病,就常常跑到含有硫黄的温泉中去洗澡,这样就能使它的关节病痛得到有效的治疗。獾也会利用矿泉来治病。如果小獾身上生了疮,母獾便会带它去洗矿泉澡,直到把病治好。

有时候,一些动物会吃下腐败变质或有毒的食物,为了将有毒的食物吐出来,它们会去吃一些能够催吐的草药。藜芦草里含有一种能催吐的生物碱,野猫如果吃了有毒的东西,它就会去找藜芦草来吃,毒物便会被呕吐出来,病就会慢慢地好了。

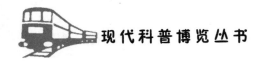

有一些动物受了伤,它们会用泥敷的办法来给自己治伤。山鸡的腿骨骨折以后,就飞到泥塘边,用嘴啄起软泥,混合上一些细草,细心地敷在自己受伤的腿脚上。软泥晒干以后,就像外科医生给病人打石膏一样把伤骨固定了下来。过一段时间以后,断骨就会接好了。猩猩也会用泥敷来治病。当它的牙床发炎肿痛的时候,它就把泥敷在脸颊上,用以消炎止痛。

会治病的兽还有许多。像麋会吃槲树的皮治腹泻,黑熊会吃菖蒲的叶子治胃病,野牛会用泥浴治疗皮肤病等。

## 等 级 分 明 的 兽

在兽类王国里,有许多动物喜欢过群居生活,在这些群居的动物当中,有的有着严格的等级制度,绝大多数猴类就是在这样等级分明的"社会"中生活。

狒狒是生活在非洲的一种猴科动物,它与其他猴类最大的不同之处是,它有一张像狗一样的脸。狒狒喜欢群体生活,一群往往有几十只到上百只,每群里都有一只身体最强壮、个头最高大、毛色最漂亮的雄狒狒担任首领。在狒狒家族里,首领的地位至高无上,无论是谁从它的面前走过,都要向它表示尊敬臣服。如果谁胆敢不按照规定向首领行礼,就要遭到极为严厉的惩罚。为了让一些不大情愿臣服的雄猴守规矩,服从自己的威严,狒狒王还时常将它那大得吓人的獠牙龇出来示威。在这种等级分明的王国里,担任首领的雄狒狒养尊处优,过着比别人舒适的生活。

猕猴是世界上比较常见的猴。在猕猴群里,也有一只最强壮的雄猴当"猴王"。在它的手下,还有"二猴王"、"三猴王"帮助它统治猴群。猴王在猴群里不但称王称霸、养尊处优,而且还妻妾成群，有"猴王后"和"猴王妃"。为了防止其他雄猴对自己的后妃"勾引"或"非礼"，猴王时常在猴群中巡视，一旦发现有企图越轨者，必将严惩不贷，进行毒打和撕咬。

有趣的是，猴王的宝座不是终身制。一旦猴王年老力衰，一些新成长起大起来的雄猴便会同它争夺王位。争斗的结果往往是老猴王被年轻力壮的雄猴打得遍体鳞伤，只得哀号着逃离猴群，从原来那个前呼后拥、妻妾成群、不可一世的"君王"，一下子变成了谁也不待见的孤家寡人，孤独地度过自己的残生。

## 生 活 在 海 洋 里 的 兽

人们常把鲸鱼说成是走兽，其实兽类中，不但有像蝙蝠、鼯鼠那样会飞、会滑翔的兽，而且还有许多生活在河湖或海洋里的兽。

浩瀚的海洋是生命的摇篮。那里不但是鱼类、虾蟹等海洋生物遨游的广阔天地，也是海兽们生息繁衍的家园。

鲸是生活在海洋里的巨兽。它虽然外形像鱼，也是海里游得很快的动物，但是它却是地地道道靠肺呼吸、胎生的哺乳动物。鲸类一般分为须鲸和蓝鲸两大类，共有90多种。须鲸中体形最大的是蓝鲸，它长达30余米，重100吨，比40头大象还要重。齿鲸中最凶猛的是虎鲸，它几乎什么都吃，就是比自己大十倍的蓝鲸它也敢袭击。海豚是鲸类家族的小兄弟。它不但是海兽中的游泳冠军，还是聪明的海兽。经过训练，它可以表演精彩的节目。

海狮、海豹、海象、海狗和海牛也是生活在海洋里的兽。除了海牛不能上岸生活，海狮、海豹、海狗和海象都要在岸上睡觉和繁殖。海狮因面部长得像狮子，颈部有长长的鬃毛，吼声像狮吼而得名。它们成群地栖息在海边，白天下海捕食，夜晚上岸睡觉。

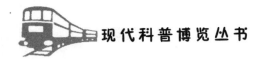

雄海狮常常为争夺雌性打架，直到斗得双方伤痕累累，一方认输才肯罢休。海狮聪明灵活，经过驯养是马戏团里的好演员。海象嘴边长有像象牙那样的獠牙，它们用獠牙做武器来捕食，用獠牙来争夺领地，抵抗白熊的袭击。

虽然海狮、海豹、海象和海狗的相貌和体形大小有所不同，但是它们的肢体都演变得很短小，像鱼鳍一样，这是它们长期水陆两栖生活的结果。

## 能 帮 助 残 疾 人 的 兽

残疾人因为身体有了残疾，生活上会遇到许多不便。然而，在一些动物的帮助下，他们又能够正常地生活了。

双目失明的盲人走路十分困难，他们即使是手拿探路竿，小心翼翼地摸索前进，也难免磕磕碰碰，发生危险。可是，在有些国家，盲人只要牵着一种经过专门训练的狗在路上，导盲犬会尽心尽力地为主人代目，引导主人走安全的路线。它不但在遇到台阶和深沟时会及时提醒主人注意，引导主人在人行横道上过马路，而且从不会违反交通规则。除了导路，它还能带领主人购物，帮助主人取送东西。有了它的帮助，盲人的生活真是方便多了。

美国有一只名叫海里翁的卷尾猴，它给一位四肢瘫痪的青年当了猴"保姆"。它每天为主人喂饭、刷牙、翻书、放唱片，还能做许多主人无法做的家务事。虽然猴子的天性很贪玩，可是海里翁却很尽责尽职。只要主人发出指令，它便会忠诚地为主人服务，因为它知道主人的奖惩很分明，如果任务完成得很及时、很正确，它就能得到甜草莓汁的奖赏；如果调皮捣蛋，拒不执行命令，它就会受到主人的惩罚。

海里翁在主人的调教下越来越能干,成了主人的好"保姆"。主人一时一刻也离不了它。

如今,训练猴子做残疾人的"保姆"已经成了一种专门的职业。在专业人员的训练下,越来越多的猴"保姆"走进了残疾人的家庭,它们周到细心的服务赢得了残疾人的欢迎。

# 只有手指般大小的兽

在美洲的猴类大家族中,奇奇怪怪的成员真不少。不但有声若哭泣的泣猴、吼声如雷的吼猴、鼻子最长的天狗猴、尾巴最长的蜘蛛猴、形象最丑陋的秃猴,还有一类体形长得十分小巧玲珑的猿猴——狨。

狨又名狷猴。它们生活在中、南美洲的原始森林里,是个人丁兴旺的大家族,约有30多种。狨有珠子一样的圆眼睛,大大的耳朵,阔嘴巴,身披柔软浓密的绒毛。它们当中的狮毛狨、长须狨、黑白狨和倭狨,颈部还生有金黄色的长毛,看上去,很像一头威武的小狮子。不过,它们最令人惊异的地方是,狨的体形大小和其他猴子比起来相差得十分悬殊,一般只有二三十厘米,体重也不过几十克重。特别是倭狨,它的身长不到10厘米,看上去,真像是一个来自"小人国"的客人。由于狨常年栖息在高高的大树上,人们往往只能听到它们唧唧喳喳的叫声,而看不到它们的身影,所以常把它们误以为是鸟类。瑞典的一位厨师曾养过两只小倭狨。它们的身长不足5厘米,比人的手指还短小。它们常常攀爬在主人的手指上玩耍,十分逗人喜爱。因倭狨十分小巧可爱,容易驯养,于是许多当地人喜欢饲养倭狨,把它放养在自己的口袋里,随身带出去玩耍。

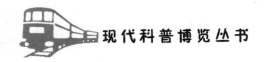 

倭狨不但体形小巧，长相奇特，十分好玩，它的食性也很特别，它除了吃树上结的果实，还爱吃苍蝇、蚊子、蜘蛛、蛾子等虫子。如果很长时间吃不到虫子，它就会营养不良，活不了多久。所以，当地人又给它取了个名字叫"食虫猴"。好在热带森林里有的各种各样的昆虫，在那里，倭狨是绝不会饿肚子的。

## "吃肉的马"

许多媒体都曾刊载过一篇介绍"马虎"一词来历的文章。该文的前半部分讲述了关于"马虎"一词的来历的一个传说故事，十分有趣。不过，该文的后半部分却说："在动物王国中里确有名叫'马虎'的动物。它生长在四川省川东与贵州交界的白马山上，山民称它为'马老虎'。这种珍稀动物体大如马，形亦似马，体表长有似虎的条状花纹，其凶猛程度胜过老虎，且行动诡秘、迅猛，前爪锋利，专以捕食野生动物和山民豢养的牛、羊为生。传说，白马山上的老虎曾被马虎吃掉过。"这段文字听起来神乎其神，但事实上，这种名叫"马虎"的动物同"野人"等一样，都不过是民间传说或科幻故事中的动物，在现实世界中根本不会存在。

目前，世界上生存的所有动物物种都是千万年来漫长进化的产物，都有其起源和发展的历史踪迹。让我们首先来看看马的演化历史。马属于奇蹄类动物，至今仍然生存在地球上的同类有马、驴、貘和犀牛等，都是大型的食草有蹄类动物，全世界共有大约6属、17种。它们虽然形态各异，但均有一个大的中趾支撑着身体，即使有小的侧趾出现，也并不支撑体重。后足距骨的上部形成滑车，所以只有一个方向可以弯曲，在奔跑能力上不如同样食草的偶蹄类动物。除了貘类的前足，趾的数目均为奇数。趾端上均有蹄，帮助行走。它们栖息于草原上或森林中，但都以植物为食，不吃肉。与此相适应，它们均有一个简单的胃和特别发达的盲肠，但不能反刍，因此不利于消化纤维多的稻草类。奇蹄类动物最突出的特征还有前臼齿的臼齿化，这种臼齿化在原始的类型中还不明显，但在进化程度较高的类型中，前臼齿除第一枚以外完全变成了臼齿型。这种演变大大地增加了牙齿研磨的面积，也就提高了牙齿研磨坚硬植物的效能。

奇蹄类动物最早在5000万年前的始新世初期出现，可能是由踝节类等古老的有蹄类进化而来的，并且在第三纪中期时达到了其进化史的顶点，在世界上大部分地区盛极一时，以后便开始逐渐衰退，成为哺乳动物中走向衰亡的一个类群。

奇蹄类动物从类似始祖马的原始祖先类型开始，主要向着三个不同的方向进化。一支是马形动物为主干的进化路线，包括绝灭了的古兽类、雷兽类和一直到现代生存的马类；另一支是向着有角的方向发展，包括貘类和犀牛类等；此外，还有一支是向有爪的方向发展，包括已经绝灭的爪蹄兽类等。

爪蹄兽类到更新世时便全部绝灭了。它们是奇蹄类动物中唯一脚上具有爪而不是蹄子的类群，因此它们并不是成群地奔驰在草原上吃草，而是靠挖掘植物根为食。迄今为止，我国已经在广西、云南和山西等地发掘出8种爪蹄兽类，如方齿始爪兽、那板裂爪兽和河套裂爪兽等。

马类的进化主干是从始新世的始祖马一直到现代的马，它们在漫长的进化历程中的发展趋势是体型逐渐从小到大，腿和脚变得越来越长，侧趾逐渐退化，中趾不断加强，齿冠越来越高，前臼齿由简单到复杂并且逐渐臼齿化。这个发展趋势也反映了从适应森林生活到逐渐适应草原生活的过程，即从跳跃到奔跑、从吃树木的嫩叶到吃粗糙的草类的过程。

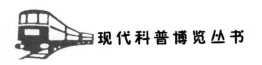

因此,从马的演化历程来看,所谓"吃肉的马"是不可能存在的。

## 动物血液的颜色

各类动物的血液由于组成成分及其生理状态的差异而在颜色上也有所不同,如绝大多数脊椎动物的血液是红色的,无脊椎动物的血液则有的呈蓝色,有的呈紫红色、绿色等。

那么,动物血液的颜色到底是由什么决定的呢?有人认为血液的颜色取决于所含某种离子的颜色,如认为脊椎动物和蚯蚓等的血液呈红色是由于铁离子的存在;蓝色血液是由于铜离子的存在等(事实上 $Fe^{2+}$ 在水溶液中为浅绿色,$Fe^{3+}$ 一般为黄色;$Cu^{2+}$ 只有在 $[Cu(H_2O)_4]^{2+}$ 状态呈蓝色,其余均为无色)。笔者认为,诸如这些说法都是不正确的,因为这些离子一方面并不显示该种动物血液的颜色,否则像脊椎动物的动脉血为鲜红色而静脉血为暗红色的这种颜色的变化就无法解释了,因为动脉血和静脉血中铁离子并没有发生化合价的变化。另一方面,这些离子在血液中并不是孤立存在的,如 $Fe^{2+}$ 存在于血红蛋白的辅基——血红素中,原卟啉与 $Fe^{2+}$ 形成四配位体螯合的络合物,其外围被血红素分子的珠蛋白链的氨基酸残基包围着以提供飞机型低介电的环境保护 $Fe^{2+}$ 不被氧化为 $Fe^{3+}$。同样,有些动物血液中的 $Cu^{2+}$ 也是和蛋白质结合在一起的,所以动物血液的颜色不一定就呈现某种离子的颜色。

动物血液呈现什么颜色,要看血液中生色物质所吸收的光是哪些可见光,如果吸收的某种或某些可见光,则显示出的颜色就是这些颜色的互补色,或者说对哪种光不吸收或吸收的较少则显示出该种颜色,正如叶绿素对绿色光几乎不吸收而使其呈现绿色一样。血红蛋白的血红素分子有11个双键,共轭双键所吸收的可见光使得血红蛋白呈红色。然而,血红蛋白在氧合状态和脱氧状态下由于构象的变化使得它们的吸收光谱也有所不同。所以,氧合血红蛋白最终呈现的颜色是红色,脱氧血红蛋白的颜色是紫蓝色。因此,脊椎动物血液中氧合血红蛋白和脱氧血红蛋白所占的比例就决定了动脉血和静脉血的颜色。在一些无脊椎动物中,多数动物的血液不含血红蛋白,如软体动物(头足动物和石鳖属等)以及节肢动物(虾、蟹及肢口纲的鲎)所含的是血蓝蛋白。血蓝蛋白分子由$Cu^{2+}$和1个约200个以上氨基酸的肽链结合而成,与血红蛋白一样,该呼吸色素的颜色也与其状态有关,氧和状态下为蓝色,在非氧和状态下则为五色或白色。有些多毛虫(如帚毛虫科、绿血虫科)的血液中含有血绿蛋白。钙蛋白也含有铁离子,化学性质与血红蛋白相似,氧合时呈红色,而非氧和状态下却呈绿色;另外,像星虫、多毛虫纲的长沙蚕属及腕足动物中的血液中也有一种含铁的蛋白叫血褐蛋白,该蛋白不含卟啉结构,氧和状态下显紫红色,而非氧和状态下为褐色。值得一提的是昆虫的血液,昆虫的血液其实是一个运送营养物质和代谢废物的内部介质,所以又称血淋巴,由血浆和血细胞组成,因呼吸作用在气管中进行,故昆虫的血液无呼吸色素。昆虫的血液也常有各种颜色,常见的有黄色、橙红色、蓝绿色和绿色等,它们血液中所含的色素物质使得其血液呈现出特定的颜色,如大天蚕蛾中有α-胡萝卜素、核黄素和黄素—核苷酸;家蚕中有黄酮、荧光素和叶酸;菜粉蝶的幼虫血液的绿色是因为黄色蛋白(其辅基为β-胡萝卜素和叶黄素)和一种蓝色蛋白(其辅基为胆绿素)共同存在的结果。在散居型飞蝗绿色血液中也有类似的成分,但是一种绿色螨的绿色血液是由于一种β-胡萝卜素蛋白复合体和一种近似花青素存在的结果。昆虫血液中的这些色素一般认为是从食物中获得的。另外,昆虫血液的

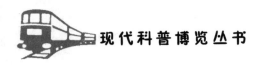

颜色有的还与性别有关,如菜粉蝶的幼虫、蛹和成虫的血液,雌的为绿色,雄的则为黄色或无色。

# 野 生 动 物 拯 救 工 程

野生动植物拯救工程的对象是我国特有的、极度濒危的、种群数量急剧减少的物种。主要有大熊猫、朱鹮、虎、金丝猴、藏羚羊、扬子鳄、亚洲象、长臂猿、麝、普氏原羚、鹿类、鹤类、雉类、兰科植物、苏铁。通过开展十五个物种的拯救工程,进一步恢复野生动植物栖息地,维持并扩大濒危物种的种群数量,大力开展人工繁育,进行野外放归自然试验,开展野生动植物种质基因保存和研究,最终使这些物种摆脱濒危。

## 1.大熊猫

大熊猫是我国特有珍稀子遗动物,分布于四川、陕西和甘肃三省部分地区,目前野外种群数量有1000只左右,人工圈养数量约110只。重点完善现有35处保护区建设,新建28处保护区;加强栖息地基础设施建设和管理;建立33万公顷的大熊猫栖息地走廊带,开展大熊猫人工繁育、科研监测和野外放归的研究。

## 2.朱鹮

朱鹮是世界上现存最濒危的鸟类,在目前保护成绩基础上,下一步将在朱鹮经常觅食地区恢复天然湿地2000公顷;选择适宜重引入区域建立异地繁育种群2~3处,新建保护区面积达到20万公顷。

### 3.虎

我国有四个亚种,即东北虎、华南虎、孟加拉虎和印支虎。野外种群数量不足百只。完善现有13处保护区的建设,新建10处保护区,恢复和改善虎栖息地;实施人工繁育虎野化和放归自然项目,促进隔离种群遗传联系。

### 4.金丝猴

金丝猴是我国特有珍稀动物,有滇金丝猴、黔金丝猴和川金丝猴3个亚种。加强12处金丝猴重点保护区的建设,新建保护区1处,在保护区建立保护站22处。改善金丝猴栖息地,并建立食物基地3个和多处食物投放点。同时,加强驯养繁殖和开展野外放归试验。

### 5.藏羚羊

藏羚羊主要分布于我国的青藏高原。由于人为猎杀,藏羚羊数量急剧下降到目前的5万头,并呈急剧下降趋势。完善已建3处自然保护区的建设,面积达38.8万平方公里。新建3个禁猎区,开展藏羚羊的人工驯养繁育研究。

### 6.亚洲象

我国亚洲象主要分布于云南的西双版纳、江城、沧源和盈江。种群数量约为200至250头。完善2处自然保护区的建设。在其他10万公顷区域上建立保护站,开展野外监测和人工驯养繁殖。

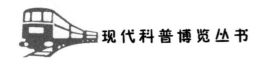

### 7.扬子鳄

扬子鳄为我国特有物种,野外种群仅有几百条。扩大现有扬子鳄保护区的面积,新建4个保护管理站。划建3处扬子鳄人工放养区,面积为6万公顷;选择2万公顷进行恢复和改善,建立异地种群。

### 8.长臂猿

长臂猿在我国主要分布于云南、海南等省,野外种群数量不足500只。扩建和加强13处现有保护区的建设,在保护区外建立保护站12处,新建2处长臂猿人工驯养繁殖中心,进行野化。

### 9.麝

麝是经济价值很高的中型食草动物,全国麝资源由20世纪60年代的250万头下降到20～30万头。完善现有66处保护区的建设,新建4个禁猎区,面积达60万公顷,恢复和改善植被10万公顷,开展麝类自然放养,加强人工繁殖研究。

### 10.普氏原羚

普氏原羚是我国特有濒危动物,目前仅在青海湖周围有300只左右。扩大青海湖保护区的面积,在普氏原羚觅食、活动区域约4万公顷强化保护,新建保护站4处。改造栖息地2万公顷并加强普氏原羚的人工繁育研究。

### 11.鹿

鹿类动物具有极高的经济价值,是传统的狩猎动物。工程将加强海南坡鹿、麋鹿、白唇鹿、驼鹿和马鹿的保护。扩大和完善13处保护区的建设,在保护区外新建140处保护站,面积为1500万公顷。建立4处狩猎和合理利用示范区。

### 12.鹤

中国有世界15种鹤类中的9种。现有鹤类保护区40多个,面积1000多万公顷。完善16个重点保护区的建设,扩大保护区面积。在繁殖地和迁飞地建立保护站120处,恢复改善湿地4万公顷,加强人工繁殖技术研究。

### 13.雉

我国的49种雉类中18种为特有种。加强现有10个重点保护区的建设,新建1处保护区;在保护区外100万公顷栖息地上建设保护站,改善栖息地5万公顷,开展雉类人工繁育技术研究。

# 古 生 代 末 期 的 大 灭 绝

灭绝(extinction)、大灭绝(massextinction)总是能够引起人们的关注,无论是从事地质、古生物工作的专业人员、化石的爱好者,还是社会上各行各业的人士……

在生命的漫长历史之中,灭绝是生命自然发展中必然和正常的现象,任何一个物种都会灭绝,都会在历史的长河中消失。其

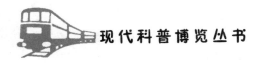

中,幸运的,留下了一副嵌入岩石中的骨架,成为了身后某种智慧生物可以用来研究的化石;而生物中的大部分,都仅仅在时间的长河中,像流星一样,片刻的一闪之后,稍纵即逝。

所谓的灭绝,就是生物多样性的丧失,而大灭绝,往往意味着在地质历史时期中相对短暂的地质间隔范围内生物多样性的大规模丧失。提起大灭绝,地质历史时期最显著的就是古生代末期的大灭绝,即二叠纪末大灭绝。

在二叠纪大灭绝之后,大概有90%以上的海洋动物的属在10～15个百万年之内发生了绝灭。而令人惊奇的是,陆生植物尽管完成了从古生代类型向中生代类型的转换,但是却没有发生规模相当的大灭绝现象。

如此的现象,究竟是什么原因呢?

地质科学尽管是一个将今论古的科学,可是毕竟讲究的是证据和推理。符合逻辑以及目前知识背景的推理和论证在谈大灭绝原因时候都是受欢迎的。

研究二叠纪末大灭绝,首先要找到二叠纪—三叠纪的连续地层。在这方面,中国很有优势。

研究人员发现,在二叠纪—三叠纪过渡的地层中,铱元素要远远高于地壳中的一般岩石。铱在地壳中的含量很少,而在陨石中的含量却非常高,于是人们推断,可能在二叠纪—三叠纪之交发生了大规模的陨石撞击事件,陨石撞击破坏了海洋和陆地的生态系统,引起的烟尘遮蔽了天空很长时间,导致大量生物灭绝。对于这种理论,当然也有反对的声音。因为大规模的火山活动也可以导致局部地区的铱元素异常。事实上,当火山活动所引发的灾害(熔岩,火山灰等)达到一定规模的时候,的确是足够引起大灭绝了。然而,火山还会留下起来的证据(如粘土岩等),在这方面的证据似乎就略显不足了。

如果有二叠纪—三叠纪之交连续的火山岩石记录，还可以识别出这段地质时期中地球磁场的变化情况。地球磁场的变化可能是瞬间发生，有证据表明，新生代有孔虫的若干次灭绝事件与地球磁场的倒转现象是吻合的。磁极、磁场的强烈变化究竟有什么后果？人类从来都没有经历过，通过化石记录或许能解答我们的疑问。

另外，在二叠纪—三叠纪之交，全球的陆地开始拼合，在二叠纪末期，形成了超级联合大陆。陆地从翻开到联合，陆地的总面积变化不大，可是浅海区域(大陆架)的区域却发生了显著的减少。因此，很多海洋生物的生存环境也大规模缩减了，如此便导致了大灭绝的发生，而陆地上却没有受到很大的影响。这是洪河比较倾向的二叠纪末大灭绝原因。

然而，大灭绝现象的原因往往因为不同地区不同的证据而有不同的解释。在综合考虑各种因素的时候不要将各种观点想当然的混在一起。科学研究往往不能给出一个问题的明确答案，而提出问题或许更加重要。


# 野 牛 趣 闻


在濒危动物家族中，牛也是一个类群，但不是指我们常见的家牛，而是家牛的祖先——野牛。


### 1.谁是野牛比尔

在美国甚至美洲的一些影视片中，常有"野牛比尔"这个名字出现，那么你知道"野牛比尔"是谁吗？

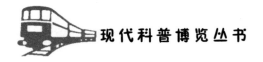

在哥伦布初到北美时,这里生活着大群的野牛,多达6000万头,最大牛群可宽达40公里,长达80公里,牛群的场面恢弘壮观。19世纪,随着移居北美的欧洲牛仔对大草原的开发,特别是铁路通过大草原后,便开始大肆枪杀野牛,因为庞大的牛群常常阻碍火车运行。一个外号叫"野牛比尔"的枪手,在18个月中就枪杀了4000头野牛,于是他成了牛仔中的英雄,威名远扬。正是无数个"野牛比尔",才使得美洲野牛从一望无际的种群减少到屈指可数的地步.1903年,北美的野外只有21头野生野牛啦!

"野牛比尔"制造了自然史上的悲剧!好在美国政府及时醒悟,把野牛置于国家保护之下。现在,在北美一些国立公园中大约生存着2万头美洲野牛。

### 2.政治斗争的牺牲品——欧洲野牛

欧洲野牛分高加索野牛和波兰野牛。

沙皇亚利山大一世征服整个俄罗斯后,把生存于俄罗斯、波兰边境的野牛据为己有,并设立狩猎法加以保护,高加索野牛在这里繁殖得很好。但是,1918年,苏维埃推翻沙俄统治,也向这些旧社会的宫廷宠物——野牛开枪,使高加索野牛成了政治斗争的牺牲品。

波兰野牛在第一次世界大战中横遭厄运,仅有3头逃脱侵略者的枪口,加上动物园里的45头,共48头幸免于难,到20世纪30年代,人们努力恢复波兰野牛的野生种群。现在,欧洲野牛的一支——波兰野牛正安祥地生活在波兰东北部的巴洛维沙森林,那里还有海狸等动物与牛共舞。

### 3.爱在泥水中跋涉的非洲野牛

非洲野牛曾广泛分布在撒哈拉以南地区,在有水源、多青草的地方游荡。由于19个世纪末非洲爆发牛瘟,很多非洲野牛不幸遇难,数量锐减。

非洲野牛晨昏活跃,喜欢在泥水中走来走去,白天常躲在林荫中纳凉,这主要是因为非洲的气候太炎热了.它们遇到危险便跳入水中,个个是游泳好手。当然,它们的奔跑能力也不错,时速可达57公里。

### 4.种类丰富的亚洲野牛

(1)瘤牛,因肩上有瘤状突起而得名。在印度它被视为"神牛",可在街上、村落随意漫步,如入无人之境。

(2)白肢野牛,体型巨大,雄牛肩高2米,体长3米,体重超过1吨,是当今野牛类中最大的一种,体色黑棕而小腿却是白色,所以又叫"白袜子",产于我国和印度边境的山林、高山草地。

(3)爪哇野牛,也叫白臀野牛,产于东南亚,数量已很少,夜间行动,白天休息,卧成一圈,由一头母牛站立警卫,遇到危险,母牛立即跺脚示警,众牛闻讯马上跃起逃命。

(4)大额牛,这种牛又被称为"四不像牛"。它前额宽大,头呈长柱状,身体粗壮,四肢短小像黄牛,背有肉峰像骆驼,角距宽张像野牛,是举世罕见的半驯化牛类,仅见于我国西南高黎贡山西麓的独龙江畔,又叫独龙牛。

此外,还有林牛、牦牛、倭水牛等十余种。

### 5.野牛拐带家牛

在青藏高原,藏民常丢失家养的牦牛。当猎人追赶野牦牛群时,有时会碰到一两只牛不逃跑的,近前一看,原来是走失的家牦牛。这些牦牛大多是母牦牛,是被野公牛"拐带私奔"的。如果发

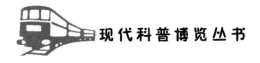

现家养的母牦牛已经怀孕,牧民们会欢天喜地地把母牦牛迎回家,因为和野牦牛杂交生下的牦牛体力好、驮物多、耐疲劳,所以,母牦牛和野公牛私奔还是件大喜事呢!

# 疯 狂 的 动 物 繁 殖 行 为

乌贼看到"意中人"后,雄性乌贼会跳起"圆圈舞",吸引雌性乌贼上钩,它们会绕在直径200米的"产卵床"周围缠绵。破晓时分,它们开始正式入戏,交配活动会持续一整天,它们只休息片刻,在这期间,雌性乌贼能向海底游去,将卵藏起来。

企鹅表达感情的方式比较含蓄,久别重逢时雄性和雌性企鹅便会身子贴着身子站在一起,高声歌唱,双翼来回拍打。它们会不辞辛苦,长途跋涉寻找一个不受其他企鹅打扰的隐秘地点,但真正的交配过程却仅仅持续3分钟。企鹅交配一次后,当年就不会再交配。

一旦雪貂异常兴奋时,它们就会跳起"鼬鼠作战舞",疯狂而连续地向一侧跳跃,与此同时,也通常伴随有弓背、发出嘶嘶声或卷起尾巴等动作。它们通常是在玩耍后,或是成功夺取了一件玩具或偷来的东西后,开始跳这种作战舞。

姬蜂首先选出一个受害者毛毛虫,然后将自己的卵注入到它的体内。接着,姬蜂幼虫便开始吃这条毛毛虫,但它不会痛痛快快地将其吃掉,而是先将毛毛虫的脂肪和消化器官吃掉,把心脏和中央神经系统留在最后,以达到让毛毛虫尽可能多活一段时间的目的。

豪猪交配真是令人大开眼界。雌性豪猪每年只有数小时接受雄性豪猪壮硕的身体,当雄性豪猪准备交配时,如果她也情绪高涨,双方就跳起来,面对面,腹部对腹部。接着,雄性豪猪开始撒尿,尿液在雌性豪猪身上四处飞溅,将"爱人"从头到脚"洗干净"。

雌性胃育蛙引起人们好奇的是,它们独特的照顾孩子的方式:在雄性向其体内受精后,雌性就会将卵吸入口中,将它们吞入腹中。但是,目前尚不清楚雌性是否吞下蝌蚪或卵,因为在它们灭绝之前科学家从来没有发现这种行为。最后一只被捉的胃育蛙死于1984年。

红腹束带蛇体形小,且有毒,生活在加拿大和美国西北部。这种蛇交配的频率十分高,且经常在狂欢期间发生。两万五千条蛇聚集在一个大洞穴内,对交配充满渴望,迫不及待。在这么一大堆蛇里,一条雌蛇可能有多达百位"追求者"。

河马有其独特的求爱方式。它们通常通过划定地盘,一边在河水中撒尿,一边清洗,来吸引"意中人"的注意。接着,河马会像螺旋桨一样旋转自己的尾巴,将尿液向四周驱动,这种举动会吸引爱慕者的注意,双方会开始交配前的前奏,其中包括在水中溅水嬉戏。

雄性琵琶鱼一找到雌性琵琶鱼,就在其侧腹咬上几口,释放出一种酶,这种酶能消化自己的嘴和雌性琵琶鱼的皮肤,完全融合让它们在一起。雄性琵琶鱼接着会萎缩成一对性腺大小,当雌性血液中的荷尔蒙表明有卵排出,它就会排放精子。这是性二态性极为罕见的例子。

有一种被命名为"Histioma murchiei"的罕见动物的性行为同样罕见。雌性动物能从无到有地将自己的丈夫创造出来。它所排的卵无需受精就可以变成个体。在卵长成成体后,母亲会用3天的时间同儿子交配,"乱伦"后的儿子会很快死去。

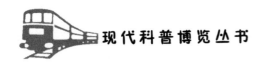

# 汗血宝马

2006年4月,土库曼斯坦总统来访中国,特地送给胡锦涛主席世界上最神秘的马,即史载的"汗血宝马",目前土库曼斯坦仅有2000匹,非常珍贵。它能"日行千里",传说它前脖部位流出的汗呈血色,此马具有无穷的持久力和耐力,是长距离的骑乘马,也是跳跃和盛装舞步马。据史料记载,为了得到汗血马,汉武帝曾两次派兵远征西部,并曾作诗赞美它为"天马"。这种马还曾是成吉思汗的坐骑。2002年,土库曼斯坦领导人也曾送给中国领导人一匹名为"白石"的8岁黑色公马,它四蹄"踏雪",非常贵重。它的祖父辈曾获得奥林匹克马术比赛"盛装舞步"冠军。另外,它的父辈在1995年国际马匹速度赛中夺魁,后被一大亨以1000万美元天价购走。

三国时期最著名的"四大名驹",踏雪赤兔、的卢、绝影、爪黄飞电,它们都是三国时期著名人物的坐骑。

## 1.赤兔出世,谁与争锋——踏雪赤兔

说到三国的名马,首先就得说说这匹赤兔马。赤兔原是吕布的坐骑,后来跟随关羽征战沙场,关羽战死沙场,这匹马也绝食而亡,追随主人去了。赤兔马,其"浑身上下,火炭般赤,四蹄踏雪,无半根杂毛;从头至尾,长一丈;从蹄至项,高八尺;嘶喊咆哮,有腾空入海之状"。关于它的记载,最早见于《三国志·吕布传》,素有"人中吕布,马中赤兔"之称。能够名载史册对于一匹马而言是非常难得的最高荣誉,此马在三国历史上的地位可见一斑。所以整个三国时期能成为赤兔马的主人的都是一等一的豪杰,而赤兔无疑就是马中一等一的骏马。

### 2.马作的卢飞快,弓如霹雳弦惊

的卢是三国时期刘备的坐骑,其奔跑的速度飞快,在三国历史中最显眼的一处便是背负刘备跳过阔数丈的檀溪,摆脱了后面的追兵,救了刘备一命,这一跳奠定了其三国名马的地位,虽不及赤兔马那么声名显赫,但在三国中也具有一定的知名度,其地位更因辛弃疾一首词中的"马作的卢飞快,弓如霹雳弦惊"而大为提高。

### 3.绝影无影——绝影

绝影是一代枭雄曹操的坐骑。在《魏书》中有所提及:"公所乘马名绝影,为流矢所中,伤颊及足,并中公右臂。世语曰:昂不能骑,进马于公,公故免,而昂遇害"。这是曹操征讨张绣时发生的事情,这一战是曹操除赤壁之外最惨痛的一次败绩。在这一战中,曹操损失一个儿子(曹昂),一个侄子(曹安民),一员虎将(典韦),还有一匹良驹(绝影),可谓损失惨重。而这一战本来是可以避免的,连一代枭雄曹操都没有预料到会出现这场战争:曹操征讨张绣,张绣献城投降曹操。然而,一场事先毫无迹象的战争打响了。曹操被打得措手不及,险些丧命,全靠着绝影逃了出来。而"绝影"据说就是"汗血宝马",它身上中了三箭竟然仍能奋蹄疾驰,而且速度极快("绝影"之名就是因为其速度飞快而得,意为其速度快的连影子都跟不上了),最后被流矢射中眼睛才倒了下去,而"绝影"马便在这一战中完成了其所有的使命。

### 4.爪黄飞电——蹄似披金,飞如闪电

曹操的爱驹,其高大威武,体态庄严,名字与众不同,气势磅

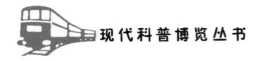
磕,也唯有曹操这样的枭雄才可以配得上这匹骏马。正因为这匹马气质高贵非凡,所以曹操每次在凯旋回朝时都会骑乘它,以显示其与众不同的气势,这匹"爪黄飞电"的名马也无疑为曹操这样的一代枭雄增色不少。

# 大洋底部不为人知的奇异生物

由于近年来南极冰盖逐渐破裂,大量外来深海生物纷纷现身,使得科学家们可以近距离观察和记录这些光怪陆离的生物。

在南极洲一处最原始的冰冷海洋环境中,科学家发现了许多奇特的新物种。这里的海床上曾经盘亘着两块巨大的冰盖,由于近年来冰盖逐渐破裂,大量深海生物纷纷现身,使得科学家们可以近距离观察和记录这些光怪陆离的生物。

### 1.奇异的南极章鱼

巨大的冰架曾经覆盖了韦德尔海大约4000平方英里的面积长达500年之久,在这里发现了一种奇特的南极章鱼,这种生活在寒冷海水中的软体动物也曾经在北冰洋水域出现过。

全球变暖被认为是导致两大块冰架崩塌的根本原因,冰架崩塌以后大面积的海床便裸露出来,便于科学家细致地观察这一神秘的区域和位于此区域的各种古老原始而又异常奇特的生态系统。

### 2.海鞘

一种被称为海鞘的动物,它们的生长速度很快。大多数的海鞘生活在深度400公尺以内的海底,它们在海底可附着于几乎任何物体表面。海鞘受环境变化的影响也很大,可以作为生态环境灾难性变化的晴雨表。

### 3.在南极发现的甲壳类新物种

52名科学家乘坐德国科考船波拉斯特恩号进行了为期10周的第一阶段考察,在考察中他们在南极洲半岛附近的象岛水域发现了一种以前从来没有见过的节肢动物,这是一种类似虾类的甲壳纲动物。

这52位科学家乘坐着这艘具有强大破冰能力的科考船在南极洲海岸线以外大约850码的地区进行了标本采样,这一地区由于洋流和地形的作用,生物物种异常丰富。

### 4.南极冰鱼的血液不是红色的

南极冰鱼为了适应极地地区的低温环境而进化成为缺少血色素和红血球的鱼类。但是这种鱼类的血液虽然不呈红色,却具有极高的流动性,这使得南极冰鱼在将血液泵到全身各个部位的时候可以消耗更少的能量。

冰盖的崩塌帮助科学家更方便地观测那些曾经隐藏在冰盖下的生物,而以前科学家们只有通过在冰盖上钻孔才能看到这些奇异的动物。

### 5.朝着同一方向缓慢移动的海参

成群的南极海参在海床上缓慢地跋涉着,有意思的是,这样一大群南极海参竟然都朝着同一个方向爬动。全球变暖对很多科学家来说都如同双刃剑,虽然可以帮助科学家发现很多以前闻

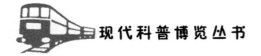

所未闻的生物,但科学家们同样不愿看到其带来的各种危害。科学家们预测在南极洲地区类似的冰盖崩塌现象还会越来越多。

### 6.巨型南极片脚虾

科学家们收集了数以百计的动物标本,并且确定了其中的十五种片脚类动物为新发现的品种,它们长得很像虾类,是一只新品种的巨型南极片脚虾。科学家们还发现了四种新型的腔肠科生物,它们看起来好像是珊瑚、海蜇或是海葵的近亲,进一步的品种鉴定还在进行当中。

### 7.长臂海星

长臂海星通常只有五条腿,但生活在冰盖下海床上的这些特殊的物种显示了与众不同的外形特性。

### 8.附着在岩石上的南极海葵

新发现的四种特殊海葵,它们和珊瑚有点亲缘关系,科学家们可能将其列为全新的生物物种。图中的这种海葵附着在一块坚硬的石头上,但事实上这种海葵在柔软的基质上也可以顺利的附着。

### 9.在南极发现的红珊瑚

根据最新的政府间气候问题评审小组的工作报告,南极冰架海床地区已经成为地球上受全球变暖影响最明显的地区之一,科学家们对该地区的担忧也越来越多。研究表明,珊瑚就是一个外来物种,人们曾经在大西洋海域的温暖洋流地区的大陆架上发现过这种生物的存在,但最新的研究表明在南极洋面冰冷的水下,同样存在着这种生物。

# 挑 战 极 限 的 动 物

### 1.会飞的鼠

在峡谷悬岩、峭壁石缝中,有种长40~50厘米、体重约5公斤的飞鼠。前后肢间长有与体侧相连的飞膜,能在高处往下滑翔,猎物吸血。

### 2.飞得最高的鸟

天鹅,是一种善于高飞的鸟,其飞行高度可达9千米,是世界上唯一能毫不费力飞越珠穆朗玛的鸟类。

### 3.最小的心脏

在所有巨大的猛兽中,狮子的心脏最小。

### 4.最小的熊

世界上最小的熊为马来熊。它身长不过1.15~1.20米,体重为4~5公斤。它产于我国云南省,以及泰国、缅甸、越南等地的热带和亚热带丛林里,体形瘦小,善爬树,以果实、虫类为主食,也吃

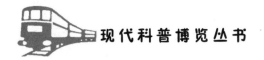

鸟蛋和小鸟,是一种杂食性动物。

### 5.狗的眼睛

狗是色盲,它看世界上的一切东西,只有明暗黑白,没有办法辨出其他颜色。

### 6.动物的睡眠

大象:大象站着睡觉。它的鼻子十分娇嫩,最怕蚊蝇等小虫钻入鼻孔中。因此,它睡觉时,鼻子总是举得高高的;有时索性把鼻子含在嘴里。

狗:狗睡觉总是将一只耳朵紧贴着地面,这是为了保障自身安全的缘故。远处响动通过地面传声,沉睡中的狗会立即警觉地醒来。

鸳鸯:鸳鸯睡觉都是成双成对。白天形影不离,晚上睡觉拥抱在一起,雄鸟的右翼向左掩盖着雌鸟,雌鸟则用左翼向右掩盖着雄鸟"共枕同眠"。

# 世界鸟类之最

### 1.最大的飞鸟

生活在非洲东南部的柯利鸟翅长2.56米,体重达18千克左右,是世界上能飞行的鸟中体重最大者。

## 2. 最重的飞鸟

大鸨,雄性的体重可达1.8千克。

## 3. 最小的猛禽

罗洲隼,体长150厘米,体重35克。

## 4. 羽毛最多的鸟

天鹅,超过25000根。

## 5. 羽毛最少的鸟

蜂鸟,不足1000根。

## 6. 羽毛最长的鸟

天堂大丽鹃,尾羽是体长的2倍多。

## 7. 寿命最长的鸟

鸟类中的长寿者不少,如大型海鸟信天翁的平均寿命为50～60年,大型鹦鹉可以活到100年左右。在英国利物浦有一只名叫"詹米"的亚马逊鹦鹉,生于1870年12月3日,卒于1975年11月5日,享年104岁,不愧为鸟类种的"老寿星"。

## 8. 寿命最长的环志海鸟

信天翁,60余年。

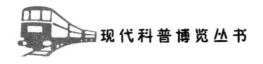
### 9.寿命最长的笼养鸟

葵花凤头鹦鹉,80余年。

### 10.飞行速度最快的鸟

尖尾雨燕平时飞行的速度为170千米/小时,最快时可达352.5千米/小时,堪称飞得最快的鸟。

### 11.冲刺速度最快的鸟

游隼,在俯冲抓猎物时能达到322公里/小时。

## 动物世界多"超人"

大家都听说过超人的故事。超人的本领是虚构的,但真实的动物世界中却有比"超人"更强的选手,它们的速度可比出膛的子弹。

游隼俯冲速度可达每小时322公里;印度豹时速70～113公里;独角仙能举起相当于自身重量850倍的物体。

### 1.大自然的"子弹头"

游隼被美国《国家地理》杂志称作飞行在天空中的天然子弹。游隼是一种猎鸟,体长33到48厘米。当它在天空中飞行时,巡航速度可达到每小时80公里。而当它看到水中的鱼或海岸上的鸟类后,像闪电一样俯冲下来时,俯冲速度可达每小时322公里。它瞬间收起翅膀、探出锋利的双爪捕杀猎物,最后再斜展出双翼飞向远方。整个过程用不上几秒。

相对于天上的游隼,陆地上的豹子也毫不逊色。印度豹是陆地上奔跑最快的动物。美国科学家曾实地用秒表测算了印度豹的速度,结果在183米的冲刺过程中,印度豹跑出了每小时113公里的速度。这一速度使印度豹成功追赶上急速奔跑的猎物,在食物越来越少的野地中生存下来。

在水中,一种名叫旗鱼的鱼类可谓名副其实的"水中子弹"。旗鱼一般长2到4米,呈优美的流线型。美国史密森学会国家动物园的研究人员发现,旗鱼游行的速度能达到每小时109公里,是水中速度最快的动物。旗鱼借此捕捉小鱼或鱿鱼,躲避鲨鱼的攻击。

速度自然是一项引以为豪的资本,而耐力对动物来说也很重要。北极燕鸥堪称动物界"忍者之王"。据世界野生动物基金会的数据显示,这种体重只有300克的小鸟一年能在南北极之间往返飞行3.5万公里,因为只有这样,它们才能分别享受到两极地区的夏季美食。

### 2.动物里的"火车头"

就举重能力和牵引力来说,非洲象可谓动物世界的"火车头"。非洲象的上百块肌肉组成的鼻子一次能卷起270公斤的重物,并举到空中。

不过就自身重量和所举物体之比而言,大象的举重能力还称不上第一。史密森学会国家动物园的研究人员发现,独角仙尽管只有20克重,但它却能举起相当于自身重量850倍的物体,也就是17公斤的东西。相比之下,大象只能举起自身重量1/4的物体。科学家认为,独角仙之所以进化出这么强势的举重能力,是为了

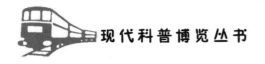

在树木丛生的热带环境中犁耕出一个适合自己生存的居住地。

### 3.昆虫界的"弹跳王"

不仅有"速度超人"、"举重超人",动物世界中还有"弹跳超人"。科学家发现,一种叫吹沫虫(又名沫蝉)的小小昆虫,身长只有6毫米,但是它却能跳到相当于自身长度115倍的高度,即相当于人类跳到百层高楼楼顶(约210米高)。

然而一山更比一山高,跳蚤的弹跳力更是有过之而无不及。它一次起跳就能跳出18厘米高、33厘米远,相当于人类跳远跳到137米的距离,人类最优秀的运动员也望尘莫及。

## 海 洋 中 的 哺 乳 动 物

大约从2.6亿年前开始,一些陆地上的哺乳动物开始回到海洋,成为今天海生哺乳动物的始祖。有的科学家认为,海生哺乳动物的祖先是水獭,也有人认为是熊。但不论是谁,这些哺乳动物回到海洋后,开始适应海洋生活——身体逐渐变长,足变成"蹼"或者"鳍"。它们仍然有毛,有乳腺,体温恒定。

海豹主要生活在气候恶劣的南极洲和北极洲。每一头雄性海豹都有许多"妻子"。

海狮在陆地上用四肢爬行,速度比海豹快。每当繁殖季节,成群的海狮就聚在一起。

作为哺乳动物的鲸,不像海狮、海豹那样也能在陆地上生活。它们交配、生殖,以及照顾幼仔都要在水中进行。

海豚是一种聪明而且善良的海生哺乳动物,它们喜欢群居生活,在同伴受伤或者生病的时候,它们就会毫不犹豫地提供帮助。

它们还能够用语言互相交流。科学家们正在努力破译海豚的语言,相信有一天,人类能够听懂海豚们说的话。

## 不吃肉的板龙

恐龙是地球上最古老的生命之一。今天,它们已灭绝了。在这类动物中,有一些是不吃肉的素食主义者。

那时,地球还属于三叠纪晚期。板龙的体型巨大,身长6到8米,体重有1到2吨。它们用前肢去采撷树上的叶子。

与巨大的身体相比,板龙的脑袋很小,嘴也很小,但头骨却很结实。在它们的嘴里,长了许多像树叶形状的小牙齿,这些牙齿又扁又平,边缘有小锯齿,能帮助它们很好地撕咬植物。

但是,板龙的牙齿只能帮助它们撕咬植物,而不能咀嚼植物。为了消化食物,它们必须依靠胃。在胃里有"胃石",能把植物磨碎。

为了支撑两吨重的身体,板龙的后腿比前肢长,而且强壮。

板龙的前肢既可以用来防御敌人,还可以用来抓食物。

有时候,如果它们要采撷高树上的叶子,还可以用后腿支撑在地上,用前肢来攀援树干。

不管怎么说,板龙不但是体型最大的恐龙之一,而且也是最早吃素的恐龙。

## 苦尽甘来的蚁后

蚁后最先是有翅膀的,她可以在天空中飞行。当她与一只雄

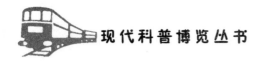 

性的蚂蚁相识，并一见钟情之后，两只蚂蚁就在飞行中，或者在飞行之后进行交尾。"新郎"的寿命很短，在交尾后不久就死去，这只蚁后开始独自过着孤单的生活。

蚁后把她的翅膀脱掉，在地下选择合适的土壤，或者其他的树洞、枝杆之类的地方，开始筑巢。最先，她在自己建筑的小屋内独自过着很孤单的生活，等待受孕的身体产卵，孵出小蚂蚁。小蚂蚁孵化出来以后，蚁后又开始忙碌着为小蚂蚁们寻找食物，并且一口口地亲自喂养它们，一直等到这些小蚂蚁长大，能够独立生活。

一直要等到把第一批工蚁抚养成年，辛苦、繁忙的蚁后才能休息。

第一批工蚁长大后，开始代替蚁后，外出寻找食物，扩建巢穴，照顾家族里的兄弟姐妹们。

蚁后继续与雄性蚂蚁交配，产卵，孵化小蚂蚁。等小蚂蚁们孵化出来后，全都交给成年的工蚁们去照料、喂养，蚁后再也不用亲自寻找食物，喂养小蚂蚁。而且，还有很多的工蚁围绕在她的身旁，照顾她，蚁后终于开始过上好日子了。

一只蚁后的寿命可以长达十五年。

蚂蚁的家族就是这样世世代代地繁殖着。

## 被骗的蜜蜂

在商场里、超市里、食品店里，在那些琳琅满目的货架上，我们可以看到一瓶一瓶被摆放得整整齐齐的蜂王浆。

蜂王浆很有营养，老人、小孩都喜欢喝它。可是，蜂王浆是怎么生产出来的呢?

蜜蜂也是一种过群体生活的小昆虫。每一个蜜蜂部落都由一只雌性蜜蜂也就是蜂王,统管着。蜂王唯一的职责就是与雄蜂交配、产卵,繁殖后代。

当这个部落里的蜜蜂越来越多了以后,工蜂就会制造一座"王台",就是一种特殊的蜂房,蜂王就飞到这座"王台"里产卵。在"王台"里面产下的受精卵,会受到特殊的"礼遇"。等小幼虫孵化出来以后,工蜂就用自己身体里面一种高营养的物质——蜂王浆喂养它,直到它长成具有生殖能力的新的蜂王。这只新的蜂王就会带领着一群工蜂飞走,另外建一个新的部落。

养蜂人就是根据蜜蜂的这种特性,人工制造一些"王台",供蜂王产卵。等工蜂们用自己体内的蜂王浆来喂养小蜂王时,养蜂人就会从"王台"里面取出一些蜂王浆,经加工以后,放在商店里售卖。

## 团结的小蜜蜂

"小蜜蜂,整天忙,采花蜜,酿蜜糖。"

每一年,从春天到秋天,蜜蜂们都整天忙碌不停。蜂王要交配、产卵、繁殖后代;工蜂们要采集花粉、酿造花蜜、抚养小幼虫、打扫卫生、保护部落。只有到了冬天,因为寒冷,万物凋零,蜜蜂们才可以喘口气,歇一下,暂时休息。

可是,蜜蜂是变温动物,受不了寒冷,它们怎么样才能度过漫长的严冬呢?

小蜜蜂们很聪明,它们有自己的好办法。

每当蜂巢里面的温度下降到13摄氏度以后,它们就互相靠

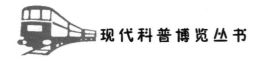

拢,结成球团的形状,挤在一起。温度越来越低,它们靠得越来越紧。因为结成球团形状,它们相互靠得越紧,球团的表面积就越小,密度就越大,温度就降得越慢。

由于"球团"表面的温度比"球心"低,于是贴在"球团"表面的蜜蜂就往球心里面钻,而在"球心"深处的蜜蜂则向外移动。

每一只小蜜蜂就这样互相照顾,不断地交换位置,靠着密切的团结,一起度过寒冬。

为了不解散球体,获得食物,聪明的小蜜蜂们又想出一个好办法,可通过互相传递来获得食物。

小蜜蜂们就是靠集体团结的力量,平安地度过了一个又一个的冬天。

## 蝴 蝶 的 假 眼

蝴蝶是大自然里一种美丽的小昆虫。

它们扇着两片轻盈的翅膀,在空中翩翩飞翔的时候,就像一朵一朵盛开的花儿。

这么漂亮、迷人的小东西,自然避免不了会引起很多"敌人"的注意。怎么办呢?

不用担心,小蝴蝶们自然有保护自己的一套方法。

在许多蝴蝶的翅膀的尾部,会有一个个醒目的、像眼睛一样的花斑,这些花斑,也被称为"眼斑"。

鸟儿,或者其他的虫子们看到这些美丽的"眼斑",扑上去捕捉的时候,蝴蝶就能很敏感地察觉外部的袭击,迅速做出反应,及时飞走。即使它们的速度稍微慢了一点儿,翅膀的尾部被敌人伤害了,也没有关系,这只是小伤而已,它们仍然能够飞行,并且可以很快复原。

# 鱼类的繁殖趣事

对于生物界的物种们来说,能否顺利繁殖,延续种族是最重要的。

经过几亿年的自然淘汰与进化,鱼类能够延续到今天,归功于它们的繁殖能力。为了保护自己的后代,许多鱼类都有自己特殊的繁殖方法。

有一些鱼类把成熟的卵子排到体外,进行体外受精,在体外发育。也有一些鱼是在体内受精,然后让受精卵在体外孵化。

有一些鱼为了保护后代的安全,会把鱼卵产在一个隐蔽的地方,才会放心地离去,如"盲眼鱼";有的鱼为了能让后代顺利活下来,会亲自守候在儿女身边,直到儿女具有自卫能力。更有一些父母,为了孩子,不惜辛苦,在产卵前,特地修建一个个美丽的"巢"。

有一种"兰罗非鱼",它们产下卵子后,就把卵子放在自己的口腔内,随身携带,直到把小鱼孵化出来。"塘鳢"则把孩子们携带在身体的表面,用皮肤来孵化它们。

# 与众不同的银鲫鱼

鲫鱼是一种很常见的鱼。不过,鲫鱼也有很多种类。其中,有一种生活在冷温带的水域中的鲫鱼,因为全身是银色的,所以被称为"银鲫鱼"。

银鲫鱼繁殖后代的方式很特别,与别的鱼是不一样的。

在每一条银鲫鱼的每一个个体细胞中,都含有162个染色体。

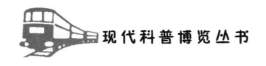

它们产出来的鱼卵,染色体的数量仍然是162个。可是,在普通鲫鱼的身体里,每一个个体细胞都只含有100个染色体,而且普通鲫鱼产出来的鱼卵,卵子和精子中的染色体,都要减少到50个。

银鲫鱼在繁殖后代的时候,并不需要雄性银鲫鱼的精子与雌性银鲫鱼的卵子结合,进行受精。相反,雌性银鲫鱼只是把雄性银鲫鱼的精子当成催化剂,刺激自己的卵子发育。当卵子被精子激活以后,卵子再进行自我分裂,发育成与雌性银鲫鱼相同的后代。

所以,每一条银鲫鱼的后代,不论是外部形态,还是内部结构,都和它们的母亲完全一样,没有任何差别。银鲫鱼,也被称为"女性家族"。


# 鲇鱼智斗老鼠

猫捕捉老鼠不奇怪,奇怪的是鱼也捕捉老鼠。

如果你告诉别人说,鱼能够捕捉老鼠,可能没有几个人会相信。不过,这还真是事实,有一种鱼,确实能抓老鼠。这种鱼,生长在我国的南方沿海,它的名字叫"鲇鱼"。

鲇鱼饥饿的时候,专门诱捕岸上的老鼠。因为老鼠总是在夜间才出来活动,所以鲇鱼们就在白天睡觉,晚上才出来觅食。

饥饿的鲇鱼悄悄地游到岸边,一动不动地靠着海岸,并暗暗地把尾巴露出水面。鲇鱼那露出水面的尾巴慢慢地发出一阵一阵的腥味儿,饥饿的老鼠闻到这股腥味儿后,立刻就跑了过来。

不过,老鼠也很聪明,它担心这会是一个陷阱,所以老鼠看见浮在水面上的鱼尾巴,并不马上去咬,而是先用它的爪子去拨动几下。当老鼠在拨动鲇鱼尾巴的时候,鲇鱼保持镇静,一动不动,让老鼠误认为自己是一条死鱼。

试了几次都没有动静后,机警的老鼠这才放心,靠近鲇鱼的尾巴,伸嘴咬住,再使劲儿把鲇鱼往岸上拖。直到老鼠完全钻进了圈套,鲇鱼这才使出全身力气,尾巴用力一摆,将老鼠拖入水中。

老鼠会在水里挣扎,但无论如何,它也较量不过鲇鱼。最后,老鼠终于被鲇鱼那锋利的牙齿咬住在水里不放。直到老鼠被活活淹死之后,鲇鱼才开始慢慢享用它的美味。

# 好斗的鱼

这是一种外表美丽,但生性残忍、好斗的鱼,所以人们称它们为"斗鱼"。

每一年到了交配、繁殖的时期,雌性"斗鱼"就要四处寻找配偶。有时候,在一条雄性"斗鱼"的身边,常常会围绕着好几条雌性"斗鱼",对它进行争夺。

为了获得配偶,几条雌性"斗鱼"会进行激烈的搏斗,它们互相之间又撕又咬,打得不可开交。每当这些雌性的"斗鱼"打架时,它们身上的颜色就会变得非常艳丽,会放射出一种令人头晕目眩的光彩。此外,它们为了讨配偶的欢心,身上的颜色也会变得非常的迷人。

"斗鱼"的嫉妒心也非常强烈,它们不能容忍别的鱼类比自己美丽。

如果你把一条雄性的"斗鱼"放在一面镜子的前面,透过这面镜子,这条鱼能够看见自己的影子。当它看见了镜子中的自己时,它不知道那就是它自己,它会认为那是一条别的鱼,于是它立

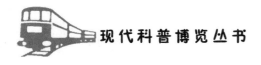

刻会把身上的鳍全都竖立起来,身体的颜色变得鲜艳夺目,强烈的嫉妒令它失去理智,进入了战斗状态,它会冲着镜子中的自己用身子猛烈撞击。

## "攀鲈"鱼爬树

如果有一天,你在一条著名的河岸边度假,或者在一片水草丛林丰美的地方散步、溜达,这个时候,如果你突然发现就在你身旁的树枝上,还躺着两条活泼的鱼,这两条鱼竟然还在树上玩得兴高采烈的,你一定不要觉得很惊讶。

这是一种会爬树的鱼,它的名字叫"攀鲈"。"攀鲈"的身体长得很小,身长大约只有一百毫米吧。

因为"攀鲈"的鱼鳃很发达,能够呼吸空气,所以它离开水很长时间,也能够活下去。这种鱼专吃水里的浮游生物,像小鱼、小虾、昆虫等。如果河水干涸了,找不到吃的,它们就会爬树,到树上去寻找一些小昆虫当粮食。

所以,当你看到它们在树枝上玩的时候,一定是它们吃饱了,浑身都是力量,情绪很好。

## 自护的比目鱼

比目鱼具有很强的自我保护能力。

幼年的比目鱼和其他鱼类一样,身体左右对称,眼睛也是左右对称的。随着它们慢慢长大,为了应付外界环境,保护自己不受伤害,它们的身体逐渐发生了变化。它的一只眼睛开始往头顶上移动,并越过头顶,往另一侧的下面移,直到与另一只眼睛接近。同时,在它的眼睛移动时,它的背鳍也开始向前延长。当移动的眼睛越过了头顶时,背鳍也延长到了头的后面。当两只眼睛移到了一起后,为了适应新的生活方式,原来对称的头骨也发生了变化,从这时开始,比目鱼就下沉到水底,侧卧在水底生活。在水底,比目鱼有眼睛的一边朝上,没有眼睛的一边向下。身体两侧的颜色对比也越来越明显,看上去,就像一条鱼被人从正中间剖成了两半。比目鱼的第二项自我保护武器是变色。当它发现外界的危险时,立刻迅速变成和周围环境一样的颜色,骗过敌人,保全自己。

## 独 特 的 海 鞘

海鞘是一种看上去像植物的动物。

这种动物生活在海洋中,在它的尾部有脊索。脊索是高等动物的标志,所以它是一种脊索动物,被称作"海鞘"。

有的海鞘像茄子,有的像花朵,有的看上去又像是一把茶壶,它们的外形千姿百态,富于变化。如果你用手指轻轻地碰一碰它们,从它们的身体里面会射出来一股水流,然后它们的身体就会瘫软到地上。这是动物界独一无二的生命现象。

海鞘的生殖也是很特别的。在它们生育的时候,身体上就会长出一个芽体。这个芽体慢慢长大,最后脱离母体,发育成一个新的海鞘。不过,也有的海鞘是通过婚配生育的。

因为海鞘广泛地分布在海洋中,而且它们的数量又多。所以那些在海洋里航行的船,如果被它们粘附上了,就会影响前行的速度,消耗油量,甚至还会堵塞船的水下管道,影响水流畅通,造成危害。

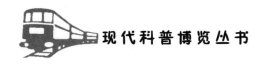
# 四眼鱼

你一定会想,四眼鱼,顾名思义,就是长着四个眼睛的鱼。

但实际上,这种鱼并没有长四个眼睛,而是只有两个眼睛。

只不过,它这两只眼睛长得很独特,在每一只眼睛的中部,从前到后有一条黑色的水平线,把它的每一只眼睛都分成了两个均等的部分,眼睛内的瞳孔和水晶体也被平分成了上下两个部分,看起来就像有四只眼睛一样,所以被叫做"四眼鱼"。而这两只眼睛,其作用也相当于四只眼睛。

四眼鱼生活在中美洲和南美洲的河流里,鱼身并不大。

四眼鱼的警觉性很高。它的两只眼睛的上半部分用于观察水面上的动静;两只眼睛的下半部分,用于察看水中的动静,这四部分各司其职。

由于眼睛的独特构造,再加上它的警惕性高,所以四眼鱼不但能够游刃有余地搜捕小鱼虾来填肚子,而且还能迅速地躲避外界的危险,不容易被捕捉住。

# 夏眠的鱼类

我们人人都知道,自然界里有一些动物会冬眠。每当冬天,气温一直下降,直到这些动物都不能够适应的时候,它们就要躲进洞穴或者泥土中,进入冬眠状态,等待第二年春天的到来。

可是,不知道大家有没有听说过,还有一些动物却会夏眠。夏眠,当然就是在夏天里睡觉喽。夏天很热,有一些鱼需要在凉爽的低温中生存,所以高温的夏季就不适合它们。例如:肺鱼、乌鳢等,它们都有很多副呼吸器官。每当夏季,它们生活的地方水源枯竭的时候,它们的身体就会转变成麻木的状态,钻入泥土中,渡过干涸的夏季,一直等到雨季来临,池塘、沼泽和河川中都充满了水,它们才苏醒过来,从泥土里钻出来。实际上,泥鳅也是这样的,到了夏季,河水干枯时,它们就钻进泥浆里面,不吃不喝,进入夏眠状态,仅靠它那特殊的肠子来呼吸空气,维持生命。

# 筑 坝 大 师 河 狸

自从5000年前埃及建造世界上第一座大坝以来,人类为了制服肆虐的河水,一直忙着建造各式各样的大坝。而在自然界中,河狸已经有500万年建造大坝的历史了。在美国的蒙大拿州,人们发现河狸建造的土坝竟有700多米长!大坝很坚固,上面还可以行人、骑马。

河狸是水陆两栖动物,为了防御敌人的入侵,它们会把巢建在自己围成的湖里,这个住所就像是城堡。聪明的河狸给自己的巢设计了两个出口,一个通向地面,另一条路通向水下,河狸在陆上玩耍时,万一碰到了危险,它只要纵身一跳,就可以安全地从水下潜回家中。

河狸靠锋利的牙齿咬断树木,借助水流的力量,把建筑材料运到工地。河狸筑堤时,先用前肢把树干用力插进河床,再用粗树枝压住,堆上石块,然后把衔来的细枝、芦苇、杂草和石子填进去,缝隙用淤泥堵实。为抵挡水流的压力,它们在坝的下方用叉棍将坝撑住,坝的两端固定在大石头或者大树上。大坝修成了,就出现一泓平静的湖水,河狸一家在这里游泳、觅食、盖房子。它们建的巢是圆顶的,直径有两三米,结构复杂,上层是卧室,下层

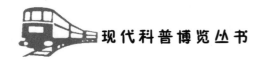

是餐厅。筑好的堤坝由河狸的家族世世代代精心维护,有的堤坝可以延续许多年。水位升高时,河狸就将坝顶降低一些,让水溢出;如果水位低了,它们会先仔细检查堤坝,修复漏水的地方,或者加高水坝。

动物学家做过一个试验。他们将漏水的声音录下来,然后把录音机放在河狸住的堤坝上。听见漏水声,河狸一家赶快跑出来,沿着堤坝四处查看,到处寻找堤坝漏水处,于是它们就在录音机旁抹了两层淤泥。

在美国西部,人们为了控制一些小河流的水量,就把河狸空运到那里,让它们筑堤成家,既调节了上游的水量,还把一些山沟变成了肥沃的小河谷。1954年,纽约州发生了大旱,著名的熊山公园周围土地一片龟裂。但在园内却有一片绿洲,因为有河狸筑坝积水,绿草茵茵。

## 鱼 中 的 建 筑 师

鱼类中最出色的建筑师要属三棘刺鱼,平静的水流,岸边多草的小河和湖泊苇塘都是它们喜欢的住所。雄鱼在求偶期间,为了增加竞争力,一改平时暗灰色的朴素形象,摇身一变,成了鲜艳的桃红色。每当到了繁殖季节,雄刺鱼就忙得很,它要挑选自己未来妻子生儿育女的最佳场所。它经常是把"洞房"选在水草间或岩石地带的池洼间,因为这里的水位深浅适度,同时又经常有水徐徐地流动,地点选好后,它便开始搜集"建房材料",用嘴衔着植物的根和茎以及其他植物的屑片,来回叼两个星期,然后从自己的肾脏中分泌出一种粘液,把所有的材料粘在一起。在黏合的时候,它能按照自己的"构思",造出一个非常坚固而漂亮的鱼巢。

一次又一次地坚固自己的巢,不断用自己的身体摩擦巢壁,就这样经过反复打磨的"洞房",既光亮又坚实。鱼巢外观为椭圆形,有两个孔道,一个进口,一个出口。这样的本领的确是鱼中少见。

栖息在英国沿岸的虾虎鱼个儿不大,它也在繁殖前"安营扎寨"。建房的任务由雄虾虎鱼担任。虾虎鱼选择的是一枚贝壳,它将贝壳的凹面向下,然后钻入贝壳里,用尾巴扒开沙,打扫出一个清洁舒适的小房屋,再开出一条地道样的开口,与外界相通,心细的虾虎鱼会把整个建筑用细沙掩盖起来。小虾虎鱼在这种安全地方生长发育,爸爸妈妈都很放心。

非洲的异耳鱼在繁殖期间,建造"摇篮"的任务由雌雄鱼共同担任。它们一般把巢筑在水深约2尺的河底,筑的巢很大,直径有1米多宽。它们不辞辛苦地衔来水草,巢壁厚达十几厘米。盖好以后,未来的准爸爸妈妈还要在周围徘徊许久,如果哪儿有不妥,它们还要再进行加工,甚至不惜推倒重来,一直到满意为止。然后耳鱼双双进去繁育后代,如果有敌害觊觎它们的"宫殿",它们就毫不客气地和对方决一死战。

# 企鹅怎样建新房

企鹅是南极当之无愧的土著居民,占据领土对阿德利企鹅来说非常重要,和人类一样,地段可是选择居所的重要因素。尤其对雄企鹅来说,那将是它们寻找配偶、收集造巢的宝贵材料——石头的根据地。因此,一旦一只雄企鹅占据一片领土,便会不惜一切地保卫它。因为天气寒冷,气候恶劣,所以企鹅的筑巢条件非常简陋,除了石头,企鹅找不到任何可利用的建筑材料。巢穴的成功与否直接关系到企鹅的生存安危。

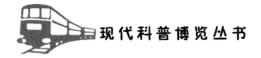

企鹅进入婚配时,住房是个先决条件。在配对之前,单身雄企鹅开始建窝筑巢,布置新房,并不停地在巢位上狂热呼叫,以吸引雌企鹅。当一只光彩照人的雌企鹅趋近雄企鹅的巢位时,雄企鹅会举颈向天,上下嘴不停地碰击,以"歌声"来表达心中真挚的爱情,尽情地表现自己的殷勤。一旦雌企鹅有中意的表示,雄企鹅便以嘴叼雪献给心上人,或是相送更加高贵的礼品,那就是石块。如雌企鹅含羞点头,雄企鹅会深深地一鞠躬,雌企鹅也鞠躬还礼,双方就算拜堂了。

婚后的家装主要是由雌企鹅做主,因为她们天生是这方面的高手。阿德利企鹅的巢,一般都是用岩礁海岸上遍布的卵石在地面上筑成,使用的每一块石头都是经过精心挑选的。雄企鹅即使是在巢里孵卵,也不断地从嘴所能及的地方叼石头,维修自己心爱的巢。

企鹅个个都是建筑爱好者,它们绝对认真对待建房的每一道工序,实用、简单、舒服是最重要的。企鹅费了这么大的劲儿建起的爱巢,绝对不允许外来者觊觎它的领地。如果有侵扰,企鹅会极其强烈的反应,发出短促、沙哑的叫声,接着就向对方猛扑过去,用胸部顶撞对方,或翅膀猛烈拍击对方。

我国的几名考察队员,有一次为了亲近这些可爱的企鹅群,贸然闯入了企鹅营地,结果受到企鹅又咬又打的接待,最终被驱逐出来。

# 营冢鸟的树叶堆

一些欧洲移民迁往澳大利亚沿海定居时,发现当地有许多大树叶堆,起初,这些移民以为是当地土著居民的孩子做游戏时堆起来的堡垒，还有人认为那是土著居民死后的坟墓。1840年，生物学家约翰第一次扒开了一个大树叶堆，他惊奇地发现"墓冢"里埋的竟是鸟卵。后来，大家把这种营造大树叶堆的鸟称为营冢鸟。

每年进入繁殖季节，丛林间便出现了雄营冢鸟忙碌的身影。它们用大爪子不停地在地面上挖掘，最后挖出一个约1米深的大坑，坑口直径达4.5米。然后，它们在周围收集来大量的干树叶、干草等，堆积到大坑里。直到高出地面1米以上，堆的直径达3～4米，才算大功告成。树叶堆建成之后，就等待老天降雨了。待树叶堆被雨水淋湿以后，营冢鸟又开始往上堆积沙土。沙土层可厚达0.5米。原来营冢鸟不像其他鸟那样，用自己的体温孵化幼雏，而是依靠树叶堆里的树叶腐烂发酵产生的热量来孵卵。有些营冢鸟甚至可以利用阳光的热量，或火山活动产生的热来孵卵。

营冢鸟的"伟大工程"初步完成后，树叶开始腐烂，当发酵产生的热量使堆内温度达到33.3℃时，它便在堆顶建造一个卵室。雌鸟登上大树叶堆顶，在卵室内产下一枚卵。产卵后，雌鸟马上离开，由雄鸟将卵安置好。就这样，每隔2～3天，雌鸟产下一枚卵，大约可产30～40个。

随着树叶发酵，热量越积越多，卵室温度也随之升高。如果温度过高，营冢鸟就赶忙将沙土扒开，使热量散发出去。卵室内温度变低后，营冢鸟又赶忙把沙土堆在树叶堆上。就这样，营冢鸟一次次把沙土扒开，又一次次堆上，夜以继日地忙碌，使堆顶的卵室温度总保持在33.3℃。人们推测，营冢鸟的颈部皮肤是非常灵敏的热探测器。

经过7周的孵化后，营冢鸟开始破壳而出。这些雏鸟不仅要啄破蛋壳，而且还要从卵室开始挖洞，出生几个小时后才能见到卵室外陌生的世界。观察记录表明，营冢鸟单单堆积一个大树叶

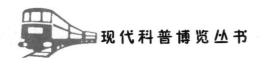

堆就要花费4个月的功夫,调整室温,负责孵化,还要忙上几个月。因此,可以说营冢鸟毕生恐怕就是围着树叶堆忙活了。

## 水下建设者珊瑚虫

我国南海的东沙群岛和西沙群岛、印度洋的马尔代夫岛、南太平洋的斐济岛以及闻名世界的澳大利亚的大堡礁,都是由小小的珊瑚虫建造的。在17世纪之前,人们一直以为珊瑚是一种海洋植物。它的颜色鲜艳明亮,长得像是灌木丛,上面甚至还有黑蛞蝓和蜗牛在寄居。直到17世纪中期,法国生物学家佩桑内尔经历了长达10年时间的研究,才证明珊瑚是一种海洋动物。

珊瑚虫是一种海洋腔肠动物,它很小,没有眼睛、鼻子,只有灵敏的触手。触手随水流慢慢漂动,捕捉流经附近的浮游生物和碎屑。在它的生长过程中,能吸收海水中的钙和二氧化碳,然后分泌出石灰石,粘合在一起。我们看到的珊瑚便是珊瑚虫死后留下的骨骼。

珊瑚虫繁殖后代的方法是分裂,它能一分为二,二分为四……速度惊人。在热带地区,珊瑚虫繁殖迅速,老的不断死去,新的珊瑚虫不断成长,在前辈的骨骼上继续繁殖,无数细小的珊瑚虫,再加上其他生物和非生物物质的共同努力,使得它们的骨骼逐渐扩大,积沙成塔,日久天长,就成为硕大的珊瑚礁和珊瑚岛了。

这些海底花园的辛勤建设者们,建造的珊瑚礁式样繁多,颜色各异。红珊瑚像枝条劲发的小树;石芝珊瑚像拔地而起的蘑菇;石脑珊瑚如同人的大脑;鹿角珊瑚似枝丫茂盛的鹿角;筒状珊瑚像嵌在岩石上的喇叭……颜色有浅绿、橙黄、粉红、蓝、紫、褐、白,色彩艳丽。这些千姿百态、五彩缤纷的珊瑚骨骼在海底构成了巧夺天工的水下花园。

珊瑚礁有坚硬的躯体,阻挡着外海推进来的狂涛巨浪,筑成了一道牢固的屏障,护卫着它身后的黄金海岸、金色沙滩、阴阴绿树和万顷良田。珊瑚礁上布满了各种孔穴、裂隙,吸引了各种各样的海洋生物来此居住。所以它还是一座水下森林,为各种海洋生物提供了栖身之所。

虽然珊瑚礁在全球海洋中占的面积不足0.25%,但超过1/4的已知海洋鱼类是靠珊瑚礁生活,并相互依存。珊瑚礁区域因此也成为地球上著名的海洋高生产力区域。珊瑚在造礁过程中,还能吸收大量的二氧化碳,这与陆地森林的生态作用很相似,对减轻温室效应也有巨大的作用。

# 织布鸟与厦鸟

在我国云南西双版纳一带,有一种奇特而精致的鸟巢:一个个像长颈瓶,悬挂在树枝上,微风轻轻吹过,鸟巢摇来摆去,十分浪漫有趣,这是织布鸟的杰作。

织布鸟是一种小鸟,大小跟麻雀差不多。每到繁殖季节,雄鸟就在同类之间开始了一场编织吊巢的紧张角逐。织布鸟用嘴牢牢地啄住一片棕榈叶或草叶的边缘,猛然一飞,撕下一长条,就成了一段细长的纤维。织布鸟将纤维条套在分杈的树枝上,嘴爪并用缠绕枝条,为防止脱落还打上结。然后,这只鸟又撕来一长条叶子,把它与别的叶条首尾相接,继续缠绕,没多久,鸟巢的主体框架便搭起来了。它一次次地衔来一大批枝叶和纤维,像编织篮子那样,将条索互相穿引、编织。

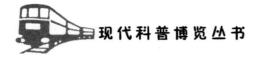

织布鸟先织成实心的巢颈。然后由巢颈往下织，密封巢顶，外围增大，中间形成空心的巢室。在巢的底部织一个长长的飞行管道，这样，巢顶既能防风遮雨，又能挡住灼热的阳光，飞行管道用来防御蛇等危险的天敌。据观察，编造这样一个鸟巢，大约需要300多条草索和纤维条。

雄鸟把新房造好了，就开始围绕着巢门飞来飞去，向每一位飞临的雌鸟炫耀求婚。但是，雌鸟对自己的"婚姻大事"十分慎重，对"婚房"的质量百般挑剔。可怜的雄鸟如果在一周内还没找到"对象"，它就会认定是自己的"婚房"不够完美气派，一气之下，拆除辛勤织起来的吊巢，在原处重新设计和编织一个更精巧的吊巢。如果幸运地博得雌鸟的赞许，它们便订下终身大事，共同布置装点"新房"。雌鸟从入口钻进去，用青草或其他柔韧的材料装饰内部，在巢内飞行管口的周围，雌鸟还特意设置了栅栏，防止鸟卵跌出巢外。一切工作结束之后，雌鸟便在巢内安然地产卵、孵化、照料孩子。

建造自己的"公寓式建筑"的是非洲东南部大草原上的厦鸟。它们会在芦荟、洋槐等植物的树茎上，建成高3米，长7米，内部结构精细的"公寓"。建设这一"大工程"时，许多厦鸟齐心协力，纷纷衔来草茎，抛在树顶上，然后口衔湿泥糊成伞状，制成鸟巢的防水屋顶。建巢工匠们在屋顶下编织各自圆形的巢。有时候，一个屋顶下有几百间小房间，可以同时住上几百对厦鸟夫妻。


## 缝纫鸟与面包师

在鸟的王国中，缝叶莺以独特的筑巢本领闻名于世。它主要生活在亚洲的南部和东南部，是我国云南、广西、广东、海南、福建等地山林中的常见鸟。它身体小巧玲珑,嘴尖脚细,性情活泼。

每年4~8月是缝叶莺婚配生育时期。为了给子女准备个安乐窝,新婚的莺妈妈便开始做针线活,缝叶建巢。缝叶莺筑巢的方法很特殊,做巢时,它会选用一些大型叶植物,如芭蕉、野牡丹、葡萄藤等的叶片作材料,先用锐利的尖嘴在叶缘1~2厘米的地方啄出一排排的小孔,然后用细草茎、蜘蛛丝或野蚕丝作"线",把自己的尖嘴当"针",将"线"从小孔中穿过来穿过去的,把叶片缝合起来,一针一针地把叶片缝成一个口袋形的窝巢。每缝一针,缝叶莺还会把"线"打一个结,以防松脱,真像个心灵手巧的缝衣女。袋巢缝好以后,缝叶莺就四处寻找羽毛、细草、棉絮和植物纤维等柔软的材料,在巢内铺设成一个小巧、温暖、舒适的"家",然后就在这个从外面看不见的绿色摇篮里产卵、孵卵,养儿育女。

为了防止"房屋"因叶柄干枯而脱落,缝叶莺会用一些纤维把叶柄牢牢地系在树枝上。而且,它在筑巢时还会使巢保持一定的倾斜度,避免雨水流进巢中。缝叶莺的设计非常巧妙。

红灶鸟是阿根廷的国鸟,它以搭建奇异的"面包烤炉"而著称。因为,红灶鸟营建的一种椭球形鸟巢,干燥后是红色的,坚硬结实,形状就像一座炉子,所以当地人称它为面包烤炉,而红灶鸟也因此而获得了"面包师"的称号。

红灶鸟的巢很特别,是由牛粪、稻草、植物碎片等筑成的。雌雄两鸟要搬运几千颗小泥丸,用嘴和脚灵巧地调和这些泥丸,再和干草、牛粪和黏土拌在一起,然后营建巢窝。鸟巢有球形、杯形和椭圆形的,红灶鸟要经过两三个星期的努力,才能建成一个巢。

红灶鸟的巢的结构比较复杂,分为两个房间,前室是起居室,越过中间的隔墙到达里面宽敞的孵卵室,室内铺垫着柔软的细草。这里既是产房又是育儿室,红灶鸟夫妇在此婚配生育。产卵约5星期之后,幼鸟就长满羽毛,飞离巢穴,从此一去不复返。倒

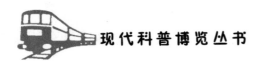
不是它不恋家，是因为在热带烈日的烘烤下，巢内温度很高，让它们实在无法忍受。

# 鸟窝趣闻

地球上共有9000多种鸟类，其中有不少是善于筑巢的"能工巧匠"。

有些鸟在筑巢时会因陋就简，就地取材。比如啄木鸟常把自然形成的树洞当作自己的窝。有时候，它会用自己的嘴建造安乐窝。在树干上啄个洞，啄下来的木屑疏松而又通气，成了洞中的天然"垫背"。飞来飞去的麻雀，更是随遇而安。屋檐下、大树上、墙洞里、石缝中，到处可以安家，只要衔些草叶、叼些羽毛铺垫就行。

在鸟类世界中，每个成员大小不一，它们窝的大小也就各不相同。最大的雕巢，直径达数米，可以并排睡下两个人。秃鹫的巢也算是巨巢，直径超出两米半，重达两吨。最小的鸟巢是蜂鸟的巢，只有拇指那么大，称为拇指鸟巢。它们是用树叶搭成的，筑巢用最小的叶子，吐出涎沫粘在一起，干后的巢坚硬如铁。其他如莺类、鹪鹩的巢，只有几厘米，工艺精细，巧夺天工。

在瑞士索列伊尔市某钟表厂附近，有人发现一个奇怪的鸟窝。它的主人专门从钟表厂的垃圾堆里把报废的手表元件拣出来，用作搭窝的材料。所以，这座"鸟公馆"银光闪闪，精致无比。不同凡响的鸟儿杰作，引起该城居民极大兴趣。大家建议把金属鸟窝放到博物馆去保存起来，让更多的人来参观欣赏。

有几种生活在欧洲、亚洲、非洲和美洲的山雀，也是筑巢的能工巧匠,它们把精美的袋状巢编织在细树枝上,通常在水边的柳树嫩枝的末梢上,让巢在风中水上自由摆动,使得那些食肉动物难以得手。由于巢的质地十分紧密,欧洲的孩子常拿它当拖鞋穿,而东非人拿它作手提包。

筑巢是很辛苦的,在鸟类中这个任务有分工,也有合作。乌鸦、燕子等鸟类,雌鸟和雄鸟齐心合力,一起挑起筑巢的重担。苍鹰在筑窝时,雄鸟和雌鸟配合默契,有明确的分工,雄鸟负责收集和运送建筑材料,雌鸟则忙于施工。至于大多数鸟类,则是雄鸟充当了建筑师,承担了筑巢的全部工作。但也有例外,比如野鸭和雉等,筑窝的差事全落在雌鸟身上,雄鸟却逍遥自在,袖手旁观。

## 呕心沥血的金丝燕

金丝燕生活在温暖、湿润的亚热带海岸边及周围的海岛上。每到繁殖季节,它们就双双对对组成家庭,共筑燕窝。相对于其他的鸟类,金丝燕的筑巢工作格外辛苦。金丝燕产卵前,每天飞翔于海面和高空,有时可高达数千米,穿云破雾,为的是吮吸雨露,找食昆虫、海藻、银鱼等食物,经过消化后,钻进海拔较高的峭壁悬崖的裂缝或者洞穴深处,吐唾筑巢。

筑巢开始时,夫妇俩反复地飞向选择的岩壁,把嘴里的一些黏液吐到岩壁上去,这是一种由唾液腺所分泌的胶质粘液,遇空气迅速干涸成丝状。经过无数次的吐抹,在岩壁上勾出一个半圆形的轮廓,然后逐渐往上添加凸边,一层层地形成了一个肘托形的巢,具有很高的强度和黏着力,外观犹如一只白色的半透明杯

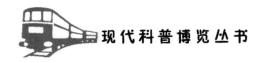
子。大约20多天才能完工。

　　窝内不用任何铺垫,雌燕就在里面产卵和伏孵,雄燕则出去寻找食物。小燕出壳以后,父母双亲辛勤哺育,一家数口其乐融融。可是,很多不幸的金丝燕难以躲过一场家破子散的灾祸。因为这样的燕巢是人类眼中营养价值极高的补品,这种用纯唾液做成的巢就是名贵的"燕窝"。有些人为了谋取利益,就连高高的悬崖峭壁上的燕巢都不放过。许多金丝燕历尽千辛万苦,用生命和唾液筑成的窝刚完工,就被人采去。

　　被抢去了窝的金丝燕不得不第二次筑巢,此时已经到了金丝燕的临产期,虽然此时由于身体的变化,金丝燕拥有较丰厚的咽部胶状物,但因为时间紧急,它们只好衔来些羽毛和小草等筑成比较粗糙的巢,好为它们的儿女们提供一个安身的家。可是,人类常常连这第二次筑成的巢穴也不放过。

　　被第二次抢去了窝的母亲似乎听到了腹中孩子的呼唤,产卵迫在眉睫。已因两次筑巢而虚弱的金丝燕不得不开始第三次筑巢,孩子们在等着它的孵育。而这个时候,金丝燕临产了,它的咽部早已经没了丰富的唾液可分泌,可是它要筑巢,这个时候它们吐出了血状黏液。所筑之巢是它们呕心沥血的结晶。如果这个时候它的窝再被人采走,那金丝燕便真的没了生儿育女的地方。


## 建 筑 天 才 白 蚁

　　在自然界里,白蚁是最著名的建筑师,它们的住宅丝毫不比人类的逊色。白蚁是至今地球上最古老的社会性昆虫,人们发现最早的白蚁化石是1亿3千万年前的白垩纪早期的化石。坚固的巢穴为白蚁的繁衍生存提供了必要的保护。在世界很多地方的大平原中,都矗立着很多的孤零零的土丘,那就是白蚁的巢穴。

除了人类,在动物界中,白蚁的生活品质也许是最高的。白蚁巢的高度可达七八米。对人类而言,这种建筑比例相当于高达6英里的摩天大楼。有些蚁巢可屹立不倒近一个世纪之久。白蚁的摩天楼是生态型住宅。在这些微型建筑奇观里面,建有一套复杂精密的空调系统,纵横交错的管道能让空气得以流通,可排出废气,引入新鲜空气。

白蚁巢不仅是昆虫工程的奇迹,而且是社会组织的杰作。白蚁的巢穴有主巢和副巢之分。主巢是片状的,在巢内安全、舒适的地方建有蚁王与蚁后起居的皇宫。兵蚁则住在皇宫周围坚实的巢片中,担任守卫皇宫的重任。副巢呈蜂窝状,是国王忠实的臣民工蚁的住宅。主巢与副巢之间有宽畅的蚁路相通,可以传递信息,运输物资。有的白蚁巢还增辟了几个甚至数十个王室农庄菌圃来培养菌类,作为宫廷御膳。

在非洲和澳洲的平原上,白蚁的家建造得颇为壮观。这些建筑很像城堡,有圆锥形、圆柱形、金字塔形,有些在地上筑垄高达9米,基部直径20至30米。充当保护层的外壳厚50厘米,像石头一样坚固,蚁塔中布满了无数的隧道,弯弯曲曲,长达几百米,并建有不同的住房供不同的成员使用。

尤其值得一提的是,每个白蚁巢都是根据周围环境而度身定造的。在雨水丰沛的地区,白蚁会在蚁巢上方建造一个伞状顶;而在降雨稀少的地区,白蚁会在地下开挖出总长超过125英尺的隧道汲取地下水。

白蚁蚁巢不仅高,而且惊人地牢固。白蚁们并没有动用钢筋水泥,它们盖楼的材料俯拾皆是,白蚁们用沙子、动物粪便与自己的唾液混合后,一点点地衔接粘合起来,就这样筑成了好几米高的摩天楼,可是人们如果想把蚁巢移开,有时却不得不动用炸药。

坚固的蚁巢可以存在几十年甚至上百年,可它也有消失的一天,当蚁后驾崩后,整个白蚁家族会无以为嗣,从而导致社区的土

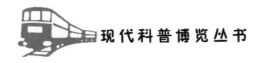

崩瓦解。蚁巢就会在没有照料的情况下,被风吹雨淋一点点地侵蚀,最终消磨干净,随风而逝。

## 动 物 识 数

动物能不能识别数字,人们一直争论不休。科学家也力图通过试验来进行鉴定。而自然界中的许多动物又确实为人们提供了一些可以研究的机会。

有一个科学家做过一次试验,他请来4位拿枪的猎人来试验乌鸦,乌鸦看见拿枪的猎人来了,就躲到大树顶上,不飞下来,4位猎人当着乌鸦的面走进草栅。一会儿,走了一个猎人,乌鸦不飞下来;又走了一个猎人,乌鸦还不飞下来;可是第三个猎人走后,乌鸦就飞下来了,它大概以为猎人全走了。科学家怀疑,乌鸦识数能数到"3"。

美国有只黑猩猩,每次都得喂它10只香蕉。有一次饲养员故意逗它,只给了它8只香蕉,黑猩猩吃完了,还去继续找,又给它1只,它还不肯罢休,直到又给它1只,吃满了10只后猩猩才心满意足地离去了。也许,黑猩猩确实"心中有数"。

自然界的动物究竟能不能识数,它们是怎样数的?科学家对此十分感兴趣。

## 掠食昆虫的"神枪手"——射水鱼

射水鱼大多生活在印度洋到太平洋一带的热带沿海以及江河中,是一种咸淡水鱼,是一种小型的观赏鱼类。它们身体侧扁,嘴比较大,可以伸缩。下颌突出,眼睛也非常大,在头的前半部,它们身体颜色搭配非常美丽,身体呈橄榄绿色,有几条粗的石青色条纹横在背部,尾部淡黄色,是一种欣赏价值很高的鱼类。

射水鱼以捕食昆虫为主。大部分捕食昆虫的鱼,只吃水中的昆虫,对于停留在岸边和掠过水面的陆生昆虫是不闻不问的,而有"神枪手"之称的射水鱼却自有一套捕食昆虫的高超技巧。有"枪"一定要有子弹,射水鱼的"子弹"可不是用火药制成的子弹,而是一股水柱,而且命中率很高。这是怎么回事呢?当射水鱼在靠近岸边的水中游动时,眼睛只盯着水面的上空或岸边草丛中。栖息在岸边和水草的蚊、蝇等昆虫,一旦被射水鱼盯上可就在劫难逃了。它会慢慢地靠近昆虫,当昆虫进入射程以后,它突然从嘴中喷射出一股水珠,水珠以飞快的速度射中昆虫。水珠落回水里以后,水中就多了一具小蚊虫的尸体,这就是射水鱼的美餐。水珠就是射水鱼发射的"子弹"。这种像射水鱼那样的"枪打飞虫"的捕食方式在鱼类中是极罕见的。

那么射水鱼是怎样发射水珠的呢?

在射水鱼口腔上有一条沟,跟舌恰好贴合成一根管子,舌头上下波动,水便会强有力地从管中像箭一般发射出去,水珠射出的距离可达2米远,并能百发百中,真是名副其实的神枪手!

## 最 大 和 最 小 的 蝴 蝶

凤蝶是最大的蝴蝶,也是最美丽的蝴蝶。凤蝶翅上有红、黄、蓝、黑、白各种颜色,五彩缤纷,并构成美丽的斑纹,发出金属的光彩。世界上最大的蝴蝶是南美凤蝶,体长90毫米,翅展270毫米,相当一只中等体形鸟类的翅展。我国最大的凤蝶翅展达150毫米。

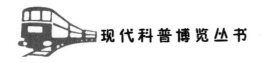
最小的蝴蝶是小灰蝶,翅展 16 毫米。1983 年 6 月,我国昆虫学家马恩沛,在云南西双版纳小勐养大象自然保护区的原始森林里采捕到一种小灰蝶,展翅长度仅 13 毫米,创造了最小的纪录。小灰蝶雌雄体色不同,雌蝶通常呈暗色,雄蝶常具有翠、蓝、青、橙、红、古铜等颜色的金属光彩。这类蝴蝶翅膀的正面斑纹比较平淡,而翅膀的反面却色彩丰富,远较正面突出。这一点也是鉴别小灰蝶的重要特征。

## 最 大 的 蛾

我国的山蚕蛾,是世界上蛾类昆虫中最大的一种。雌蛾双翅展开长达 25 厘米;雄蛾双翅展开也有 20 厘米长。因此,有"蛾王"之称。

山蚕又称珊瑚蚕、猪儿蚕、乌桕蚕,是我国最大型的野蚕。它原产于华南山区,并分布于长江以南及台湾等省。

山蚕的茧比一般蚕茧大得多,五六十个茧就有 1 斤重,堪称蚕茧中的冠军。茧产量也很高,平均茧产量可达 1.2 克以上,每千颗蚕可得改良丝绵 1 斤左右。这种丝色淡褐,经久不褪色,富有光泽。它的弹性很强,染色也容易,可作丝线的代用品,也可织造丝袜和绢绸,与光苎麻混纺织成的布既美观又耐穿。

## 最 毒 的 甲 虫

斑蝥是最毒的甲虫。喜群集取食,成群迁飞。当它遭到惊动时,为了自卫,便从足的关节处分泌出黄色毒液。此黄色毒液内含有强烈的斑蝥素,其毒性甚强,能破坏高等动物的细胞组织,与人体接触后,能引起皮肤红肿发泡。

斑蝥素为一种无色无味发亮结晶,一般内服0.6～1克斑蝥素即可中毒。斑蝥素致死量约为30毫克,外用敷贴过久会使皮肤坏死。内服者咽部有烧灼感,并有头痛、呕吐、剧烈腹痛等胃肠道症状。斑蝥素经肾脏排出,可引起排尿疼痛、尿频、血尿,引起中毒性损害。重者会出现高热、昏迷和循环衰竭等危象。

斑蝥素的毒性虽然很强烈,但可以列为中药使用。

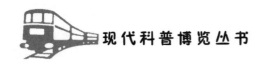

# 植 物 篇

## 体 积 最 大 的 树

地球上的植物,有的个体非常微小,有的个体却很庞大。像美国加利福尼亚的巨杉,长得又高又胖,是树木中的"巨人",所以又名"世界爷"。

这种树一般高100米左右,其中最高的一棵有142米,直径有12米,树干周长为37米,需要二十来个成年人才能抱住它。它几乎上下一样粗,它已经活了3500年以上了。人们从树干下部开了一个洞,可以通过汽车,或者让四个骑马的人并排走过。即使把树锯倒以后,人们也要用长梯子才能爬到树干上去。如果把树干挖空,人可以走进去六十米,再从树丫杈洞里钻出来。它的树桩,大得可以做个小型舞台。

杏仁桉虽然比巨杉高,但它是个瘦高个,论体积它没有巨杉那样大,所以巨杉是世界上体积最大的树。地球上再也没有体积比它更大的植物了。

巨杉的经济价值也较大,是枕木、电线杆和建筑上的良好材料。巨杉的木材不易着火,有防火的作用。

## 颜色变化最多的花

桃花红,梨花白,从花开到花落,色彩似乎没有什么变化。但是,在自然界里,有一些花卉的颜色却变化多端。例如:金银花,初开时色白如银,过一两天后,色黄如金,所以人们叫它金银花。我国有种樱草,在春天20摄氏度左右的常温下是红色,到30摄氏度的暗室里就变成白色。八仙花在一些土壤中开蓝色的花,在另一些土壤中开粉红色的花。有一些花在它受精以后也会变色。比如棉花,刚开时黄白色,受精以后变成粉红色。杏花含苞的时候是红色,开放以后逐渐变淡,最后几乎变成白色。

颜色变化最多的花要数"弄色木芙蓉"了。它的花初开的时候是白色,第二天变成了浅红色,后来又变成了深红色,到花落的时候又变成紫色了。这些色彩的变化,看起来非常玄妙,其实都是花内色素随着温度和酸碱的浓度的变化所玩的把戏。

## 植物界的"大熊猫"——金花茶

山茶花是我国特产的传统名花,也是世界性的名贵观赏植物。据统计,总数约有220种。而经自然杂交及人工培育的品种当在数千种以上。但以前,人们没有见到过花色金黄的种类。1960年,我国科学工作者首次在广西南宁一带发现了一种金黄色的山茶花,被命名为金花茶。

金花茶的发现轰动了全世界的园艺界,受到国内外园艺学家的高度重视,认为它是培育金黄色山茶花品种的优良原始材料。

金花茶属于山茶科山茶属,与茶、山茶、南山茶、油茶、茶梅等为孪生姐妹。金花茶为常绿灌木或小乔木，高2～5米，其枝条疏松，树皮淡灰黄色，叶深绿色，如皮革般厚实，狭长圆形。先端尾状渐尖或急尖，叶边缘微微向背面翻卷，有细细的质硬的锯齿。金花茶的花金黄色，耀眼夺目，仿佛涂着一层蜡，晶莹而油润，似有半透明之感。金花茶单生于叶腋，花开时，有杯状的、壶状的或碗状的，娇艳多姿，秀丽雅致。金花茶果实为蒴果，内藏6～8粒种子，种皮黑褐色，金花茶4～5月叶芽开始萌发，2～3年以后脱落。11月开始开花，花期很长，可延续至翌年3月。

金花茶喜欢温暖湿润的气候，多生长在土壤疏松、排水良好的阴坡溪沟处，常常和买麻藤、藤金合欢、刺果藤、楠木、鹅掌楸等植物共同生活在一起。由于它的自然分布范围极其狭窄，只生长在广西南宁市的邕宁县海拔100～200米的低缓丘陵，数量很有限，所以被列为我国一级保护植物。为了使这一国宝繁衍生息，我国科学工作者正在通力合作进行杂交选育试验，以培育出更加优良的品种。近年来，我国昆明、杭州、上海等地已有引种栽培。

金花茶还有较高的经济价值。其花除作观赏外，尚可入药，可治便血和妇女月经过多，也可作食用染料。叶除泡茶作饮料外，也有药用价值，可治痢疾和用于外洗烂疮；其木材质地坚硬，结构致密，可雕刻精美的工艺品及其他器具；此外，其种子尚可榨油、食用或工业上用作润滑油及其他溶剂的原料。

## 植 物 界 的 最 大 家 族

地球上已被人们发现的植物，有四十余万种，分属几个大类。把大自然装饰得绚丽多彩、五彩缤纷的首推被子植物这一大类。

桃子、李子、梅子、杏子这类水果，我们吃的是它的果实。果皮果肉包着核,核里面就是种子。用果皮包着种子的植物,就叫被子植物。我们平常看到的树木、花草、庄稼、蔬菜、牧草以及其他经济植物除了松、柏类植物,绝大多数都属于被子植物。全世界约有被子植物25五万种;其次是真菌,约10万多种;藻类和苔藓植物各有2万多种;蕨类植物1万多种;细菌2千多种;而种子外面没有果皮包被的裸子植物,仅有700多种。所以,被子植物是植物界中种类最多的植物。

被子植物体形多种多样。有高达百余米的桉树,也有长度仅1毫米的无根萍;有生长期仅几星期的短命菊,又有寿命高达数千年的龙血树。被子植物分布遍于全球,从北极圈到赤道都能生长,6000米以上的高山和江河湖海有它们的踪迹,沙漠、盐碱地它们也能适应。

# 中药之王

人参有调气养血、安神益智、生津止咳、滋补强身的神奇功效,所以素被人们称为"神草",被拥戴为"中药之王"。人参之所以如此神奇,是由于它含有多种皂苷以及配糖体、人参酸、甾醇类、氨基酸类、维生素类、挥发油类、黄酮类等,对于增强大脑神经中枢、延髓、心脏、脉管的活力,刺激内分泌机能,兴奋新陈代谢等,都具有很高的医疗作用。

人参是五加科多年生草本植物。它的茎约有四五十厘米高,叶有3~5个裂片,花很小,只有米粒般大,紫白色。药用部分主要是它的根。

我国是世界上最早产参用参的国家。我国最早的草药书《神农本草经》就已经提到了人参的名字。其后的历代名医如陶弘景、唐松敬、陈藏器、张仲景、李时珍等也都对人参作过高度评价。东北是我国人参最著名的产区,主要分布在吉林东部和长白山脉的抚松、集安、通化、临江等地,产量占全国的90%以上。自辽金时代起,其产量就已经很可观,明清时代,当地的劳动人民多以此赖以为生。因此,产参的数量大得惊人。据史书记载,明万历三十七、三十八两年,仅建州女真烂掉的人参即达"十余万斤"之多!

人参分为山参和园参。山参为山野自生,生长年头不限,可生长几十年至百余年不等。在康熙二年(1663年)曾有人挖到过一棵净重20两(当时6两为一斤)的老山参。在1981年8月,吉林省抚松县北岗乡四名农民,用了六个多小时挖出了一棵特大的山参,它已有百岁以上,重达287.5克。这棵大山参外形美观,紧皮、细纹,参须上长满匀称的金珠疙瘩。从颅头到须根长54厘米。是我国现存最大的一棵山参,目前陈列在人民大会堂的吉林厅中。

园参为人工栽培,由种到收约需6年以上的时间。虽然其产量不少,但药效远不及野山参。

根据对人参的加工方法不同而又可分为红参、生晒参、白参等。红参呈深棕色。生晒参和白参的外表呈黄白色。把刚挖出的人参经汽蒸后,灌以白糖,或用火烤后装在盖有玻璃的木匣内在日光下晒,就成为糖参和生晒参。

人参之所以如此珍贵,不仅因为它有"神功",而且因为它很娇气,生活适应能力很差。它既怕冷,又怕晒,但又需要温暖的阳光,只能生长在温带寒冷气候的有阳光斜照的山坡上。所以人参的采取和种植都十分困难。我国自唐朝时,就已人工种植人参。目前除东北三省大量栽培外,河北、山西、陕西、甘肃、宁夏、湖北等省、自治区均有种植。

人参的果实就是"猪八戒吃人参果,食而不知其味"里的人参果。它呈扁圆形,如豆粒大小,生青熟红,十分好看。人参果的医药价值也很高,清代学者赵学敏在《本草纲目拾遗》中曾记述说:"人参果秋时红如血,其功尤能健脾。"现今,其果肉已被加工成人参膏——一种异香扑鼻的高级滋补品。人参之所以珍贵,还是因为人参是靠种子繁殖的,如果没有人参的果实和种子,哪里来的人参!

# 植 物 水 上 种 植 之 谜

在传统的农作物栽培中,人们普遍流传着"水不能旱种、旱不能水植"的顺口溜。在农作物的栽培书上,人们把农作物的根系分为两大类,一类是直根系,就是有明显的主根,而长得较长。如白菜、甘蓝、萝卜、油菜等,它们非常适应在干旱的土壤中种植,因此也叫旱地作物。另一类是须根系,植物的主根较短,或者不明显,侧根或不定根很发达,如水稻、小麦、苜蓿、大葱、草莓等。这些作物有的适合旱地种植,有的适合水田种植。

中国水稻研究所的科技人员,针对植物能否在水上种植的问题,从1989年开始进行探索性试验研究,其目的是:①探讨设计一种能支持植物从幼苗生长直至成熟收割载用的浮体;②探索供给水上种植植物根系生长所需要的物质途径和施肥方法;③摸索一套能适合水上种植并高产稳产的栽培技术和措施。1989年,试验初步获得成功。1990年,他们又在此基础上进行了一些改进和完善:特别是连续两年水上种植的水稻平均亩产达到400公斤以上,为了不使这些种植水稻的泡沫塑料浮体闲着,秋季又在浮体上种植了小麦、油菜、草莓等旱地作物,结果也一举获得了成功。更为奇妙的是油菜作物,它属于直根系旱地生长植物,主根能从浮体的打孔眼中一直长到沟底,最长的主根达3米左右长,几乎是沟有

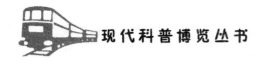

多深,根有多长,这在国际科学界从未有过报道。

过去,人们只做过这样的试验,如果把油菜、小麦、草莓等旱地作物,像水稻、荸荠等水田作物一样种在水田里,不久就会烂根死亡。那么,油菜、小麦等旱地作物为什么能在水面浮体上种植,而且它们的根系长年累月泡在江河湖泊之中,这水中又有那些要素使它们的根系不发黑和腐烂呢?这至今仍然是个难解之谜。

植物水上种植的研究成功,不仅为缓解我国因人口持续增长、耕地面积逐年减少、粮食日趋紧张的矛盾找到新的出路,同时也为我国大面积地利用和开发水面,推动植物水上种植的科学理论,提供了广阔的前景。

# 棉花开花颜色之谜

棉花种在地里,当它长到七八片叶子的时候,就开始开花。最有趣的是,棉花的花刚开时是乳白色,不久,逐渐变成浅黄色,四五个小时后,开始转变成粉红色。第二天,逐渐变成紫红色。不了解这个秘密的人还以为棉花能开不同颜色的花呢。棉花的花为什么会变颜色呢?科学研究认为,它的花瓣中含有花青素,花青素在酸性的环境条件下呈红色,在碱性的环境条件下呈蓝色。花青素本来没有颜色的,所以人们亦叫它五色花青素。棉花初开时,花瓣中的色素主要是无色花青素,所以看上去是乳白色。当花开了以后,花青素就慢慢增多,尤其是随着植物的呼吸作用,花瓣中的酸性亦不断增加,使花青素在酸性的环境条件下出现红颜色。

人们不禁要问,棉花花中的花青素为什么会逐渐增多呢?科学界普遍认为与太阳光照有关系,在晴天,阳光充足,花的颜色就变得快;在阴雨天,颜色就变得慢。人们还做过这样的试验,用有颜色的纸盖住棉花花的某一部分,使它不受阳光的照射,几小时后,被盖住的部分颜色就浅。如果有意把花苞叶剥去,使花的基部也能晒到阳光,结果花的基部也能够变红色。同时,科技人员还发现,花的颜色变化与外界温度高低关系也很密切。高温干旱,颜色就变得快,阴天凉爽,花的颜色就变得慢。

但是,棉花品种不同,花的颜色也就不一样。如陆地棉和亚洲棉的花是乳白、浅黄到紫红色;海岛棉的花多为柠檬黄到金黄色。此外,人们在棉花育种过程中,还发现了少数野生棉花的花还有其他颜色,而且从开花到花的脱落,变化很小,这就向我们提出了一个新的探讨问题,棉花的花颜色变化,不一定只是酸碱度引起的,可能还与它的基因和其他因素有关。

# 植 物 寿 命 之 谜

植物的寿命到底有多长,这至今仍是个不解之谜。人们常说:"铁树开花,终生难盼"。其实,铁树的寿命并不算长。

在我们常见的植物中,相对来说,菌类植物寿命最短;其次是水稻、玉米、大麦等禾本科植物;树木的寿命明显长于其他植物。但在高大乔木中,松树、柏树、杉树等寿命又明显长于果树、油茶树等经济作物。

人们已经知道,苹果、葡萄、梨、枣、核桃树的寿命在100~400年,槭树、榆树、桦树、樟树等在500~800年,松树、雪松、柏树、银杏、云杉、巨杉等在1500~4000年。能生长4000年的巨杉寿命还不算最长。据有关资料报道,寿命最长的树木可能要算龙血树了。它是一种常绿乔木,最初在非洲发现,可长到20多米高。其中长在北非加那利群岛俄尔他岛上的一棵龙血树,它的寿命已超过6000年,这还是500年以前测定的数字。遗憾的是它没有能活到今天,且在1868年的一场大风暴中被毁。如果不是那场大风把它吹倒,也许至今仍活着呢,甚至再长两三个世纪或者更长。

我国在1500年以前就利用龙血树制成"血竭"中药,主要用于止血和治疗跌打损伤,早在南北朝的药典中就有记载。1000多年来,人们一直对我国是否有龙血树之谜不解,直至1972年,以我国著名植物学家蔡希陶教授为首的云南热带植物研究所的科技人员,终于在云南西双版纳的石灰岩上发现了大片的野生龙血树。目前,仅在云南傣族、拉祜族、佤族三个自治县就发现了野生龙血树2万多棵。那么,我国到底有多少龙血树?它们的年龄是多少,一时还说不清。

龙血树的根系很顽强,能深深地扎进石缝中,并引缝通路,以致使它千年常青。

也许人们还没有发现,寿命最长的植物并不是高大的乔木,可能是一些多年生耐旱耐瘠的杂草,如旱不死的仙人掌、落地生根等。在蕨类植物中,还有一种叫卷柏的九死还魂草。它生活在干燥的岩石缝里的卷柏,遇到干旱时,枝条便蜷缩成团,不再伸展,雨季一到,卷枝即展开,继续生长。另外,卷柏还可把自己的根从没有水分的土中"拔出",身子卷成一个圆球,随风滚动,来寻找能适合它生长的地方。这种能"自我搬家"和"游牧"生活的植物,是其他植物所不能比拟的。既然卷柏和落地生根等植物有这些特殊的本领,那它们寿命或年龄就很难计算清楚了。

## 粘 菌 "植 物" 之 谜

1992年8月,陕西省周至县尚村乡张寨村农民杜战盟,到邻县永安村边的渭河中打捞浮柴。

偶然,他感到左脚踩到了一大块软乎乎的东西。他把它拖到河边一看,原来是一堆"烂肉"似的东西。在伙伴们的帮助下,他把这团"烂肉"拉回家,一秤有23.5公斤。

他切下一小块煮食,味道独特,十分好吃。但没有想到,3天后,"肉团"已长成35公斤。

杜战盟一家惊讶不已。他随即赶到县城,向有关部门报告了这一怪事。

西北大学生物系教师杨兴中闻讯后,匆匆赶到杜战盟家中。他看着那个奇怪的东西放在一个盛满水的大铁锅中。经测量,长75厘米,宽50厘米,周长110厘米,通体为褐黄色,局部呈珊瑚孔状;内部呈白色,有明显分层,手感柔软。这位从事生物教学和研究的老师一下愣住了。他也弄不明白眼前的"怪物"是什么。

西安市市长崔林涛指示,由市科委组织西北大学、西安医科大学、西安动物研究所等科研单位进行鉴定。

经生化、生理、动物、植物、细胞、微生物、真菌等方面的13位专家从呼吸、蛋白质含量、活体培养、动物、植物器官和真菌分离等方面对其进行了测定,结果却令专家们惊喜万分。

这团"烂肉"既有原生动物特点,又有真菌特点,是世界罕见的大型粘菌复合体,也是我国首次发现的珍稀生物,有较高的科学研究价值。

目前,粘菌的研究在国际上还是项空白,属于世界生物或植物学领域的一大攻关课题。但是,粘菌旷世罕有,全世界仅有我国唐代珍贵文献和1973年美国达拉斯加有过两次类似的记载和发现。唐代的记述简单,不足为科学鉴定的依据。

美国的发现,由于对粘菌保管不善,3个星期便死去,美国研究人员后悔不迭。

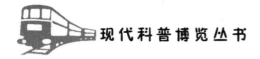

1992年10月26日,日本明仁天皇访问西安市。参观了这个大型粘菌复合体,在海洋生物研究方面有着很深造诣的明仁天皇,用手触摸这个"怪物"说:"谢谢你们让我参观这样稀有的东西。"

据西北大学的专家们说,该生物还活着,并且已经长到39公斤。研究人员把它放进一个放有自来水的大玻璃缸中,它仍然以3%的增长速度生长着。

据有关文献记载,粘菌属粘菌门,是介于动物和植物之间的一类生物体。生活史中,有一段具动物性,有一段具植物性。

究竟粘菌是植物还是动物,因为它罕见稀有,人们对它研究甚少,但有一点可以肯定,由于它至少具有上述两种物体的特征,因此有很高的研究价值。

## 植物"吃"动物

据不完全统计,自然界有500多种植物能"吃"动物,其中猪笼草和冬虫夏草就是两种专食动物的奇妙植物。

猪笼草生长在我国华南一带,它的"吃"虫技艺非常巧妙,它叶片中脉长着卷须,可以用来攀着其他东西向上生长。

卷须的顶部长着一个像瓶子样的囊状物,瓶口上有一个能开能关的"盖子","瓶"内装有一半的平时下雨留下的水液。同时,"瓶"内能分泌出又香又甜的蜜味,爱探险的小昆虫想钻进去偷吃蜜,结果猪笼草凭着灵敏的感觉很快合上"瓶盖"子,同时用早已分泌的物质把小昆虫死死地粘住,美美地饱餐一顿。然后,它再打开那只"瓶盖",用同样的方法等待着第二、第三、第四个"客人"的到来。

冬虫夏草植物吃动物的方法又不一样,因为冬虫夏草是一种真菌,它属于囊菌纲,是靠寄生在鳞翅目昆虫蝙蝠蛾的幼虫身体中生长的。在冬天,幼虫躲在土壤中,冬虫夏草菌就侵入幼虫的体内进行生长,并分解吸收幼虫体内的物质,生长成菌丝体。在从冬天到夏天这段时期,菌丝逐渐把幼虫内部的肌体全部"吃光",最后只剩下了死虫的一层皮,里面全是生长较结实的菌丝体。奇妙是在夏天,菌丝体还从"虫子"的嘴头部长出一根"棒子",像植物刚出土的叶芽,可这里面隐藏着冬虫夏草的繁殖后代的种子——子囊孢子。这样,它就完成了自己的一个生长周期。所以,人们说,冬虫夏草冬天是虫,夏天是草(菌类植物)。

植物吃虫在自然界普遍存在,如人们还发现苏云金杆菌能在一些害虫的肚子里生长繁殖,白僵菌能像冬虫夏草似的"吃掉"大豆食心虫。

长期以来,人们只知道植物能吃动物,但植物没有嘴巴,它到底怎么吃?人们众说纷纭,像冬虫夏草等菌类植物,一般以寄生方式来分解吸收虫体物质还比较好理解,但像猪笼草等类似植物,是如何分解吸收动物体内物质,目前还很难说清楚。

## 植物能否"欣赏"音乐之谜

植物世界尤为奇妙,除一般的普通植物外,还有能吃动物的植物,如"猪笼草"等;还有剧毒植物,如"箭毒木"等,如果人或动物的皮肤破裂处碰到该树的汁液,不及时抢救,很快就会死亡。这些作为一种科学常识了解很重要。

但近年来,科技人员更感兴趣的是建设有益人类健康的空中"生物圈",根据这种设想,一些发达国家的科技人员对植物能否

"欣赏"音乐或其他杂音开展了研究。因为随着人们生活水平的不断提高,"生物圈"将会成为人们活动和社交的重要场所,而不再是"僻静"的田野。

为此,法国农业科学院声乐实验室的一位科学家,用耳机让一个正在生长的番茄每天"欣赏"3小时音乐,结果这只番茄由于"心情舒畅",竟长到2公斤,成为世界的"番茄之王"。英国科学家用音乐刺激法培养出了5.5公斤的甜菜、25公斤的卷心菜(甘蓝)。

日本山形县东北先锋音响器材公司下属的蔬菜场种植的音乐蔬菜,生长速度明显加快,味道也有改善。

科学家在研究中还发现,蔬菜植物不仅能"欣赏"优美的乐曲,而且也讨厌那令人心烦意乱的噪音。在观赏和果树植物中,有的对音乐对植物有增产作用,但有的其结果恰恰相反。

我国诗人曾记述了"弹琴菊花动"的故事。此人叫侯嵩高,他非常喜欢弹琴种花。有一天夜里,他点蜡弹琴,当他弹得起劲的时候,书房里的菊花也随着悠扬的琴声,"簌簌摇摆起舞"。

1981年,在我国云南西双版纳勐腊县尚勇乡附近的原始森林里,发现了一棵会"欣赏"音乐的小树,当地群众叫它"风流树"。

人们发现,在风流树旁播放音乐,树身便随着音乐的节奏摇曳摆动,翩翩起"舞"。令人惊奇的是,如果播放轻音乐或抒情歌曲时,小树的"舞蹈动作"婀娜多姿。

如果播放强烈的进行曲或嘈杂的音乐,小树便不舞动了。

音乐对植物究竟有什么影响,到底是哪些生理因素在起作用,这是今后需要深入探讨的热题。

目前,日本和美国正在开展创建"生物圈"竞赛,在"生物圈"建设中,他们不仅要配制植物能生长的基本条件,同时还将配备为人类在这"世外桃源"中开展许多活动的基本设施。

另外,人们如果知道不同植物对音乐的"爱好"之后,就可以有意识地为它们定时播放某种音乐,促使它们生长和繁殖,从而达到丰产和育种等目的。

# 寄 生 植 物 之 谜

在植物这个庞大的"家族"中,大多数成员都"安分守己",自己养活自己,但也有一些不"安分守己"的坏分子,像寄生虫一样,靠别人养活它们,这就是我们要说的寄生植物。寄生植物种类很多,如列当、野菰、大王花、桑寄生、柳阎王等。它们各自寄生的方式不一样,一般有全寄生和半寄生两种。

人们最熟悉的菟丝子,它的全身金黄色,呈丝状。说它是植物,没有一片绿叶,也看不到它的根,说它不是植物,它却会开花结籽和传播后代。春天,菟丝子种子发芽,也有根,主要靠种子里的营养,茎中有少量叶绿素,能制造很少很少的养分。但它一旦找到寄主,根很快便死亡,从此过上全寄生的生活。菟丝子是农作物的大敌,轻者严重减产,重者颗粒无收。为此,农民称之:"从小像根针,长大缠豆身,吸了别人血,养活自己命"。菟丝子看不见根,也没有嘴巴,它又是如何生活的呢?奇妙的是,它茎细长,最长可达1米以上,并有分枝。茎上长了很多吸盘,像嘴巴一样直接伸进大豆等植物的茎皮中,它每10厘米就有一个吸盘,都可单独成活,为此,它繁殖蔓延速度很快。

槲寄生与菟丝子又不一样,菟丝子属草本植物,而槲寄生属木本植物。它高30到60厘米,枝丛生,有分枝,能开花结果,有四季常青的叶子。它主要半寄生在槲树、朴树、榆树、杨树等高大的树体上。种子传播方式很绝妙,主要靠爱吃它果实的鸟来进行广泛播种。大鸟把果实吞进去,因种子无法消化,又随粪便随意排

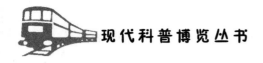
在树上,小鸟因果汁粘嘴,靠鸟嘴在树皮上磨蹭,把种子粘在树上滋生萌发。

槲寄生有根,并把根伸进寄生树木的皮层吸收养料。到了冬天,寄生槲树落叶,而槲寄生青枝绿叶,它除吸收别人的养料外,自己也能进行一些光合作用。为此,植物学上称它为半寄生植物。正是槲寄生冬季常绿不凋,旧社会迷信的人称此为"神树",给它烧香叩头,采神树枝治病。因为槲寄生是一种很好的药材,所以竟有病治好的,结果越传越神。直至目前,槲寄生在我国一些落后地方仍被当做神树。

植物界寄生植物的繁衍奇观,要逐个揭开它们的谜底不是一件简单的事,如世界上第一次记载大王花"懒蛋"的约节菲·阿尔诺尔特,为此在热带大森林中付出了生命的代价。

# "石 油"植 物 之 谜

随着现代机械化的发展,现代交通工具的大幅度增加,以及人们生活水平的不断提高,人们对石油能源的消耗日益增多,全球将面临着石油能源危机。为此,20世纪80年代以来,许多国家都把探索"石油"植物作为科技攻关的重点,并取得了可喜的成就。

美国加州大学教授卡尔文,已在加州南部培育出了续随子柴油林。续随子是一种生长在半干旱地区的多年生灌木,也称美洲香槐。后来,又成功地从这种植物中分离出了"石油"。目前正在美国西部4万平方英里的地区推广种植,如果按每英亩产10桶油计算,一年就可提供2.56亿桶"石油"。

中国林业科学院热带林研究所在我国华南发现了一种柴油

树,也叫油楠。它属苏木科,主要生长在我国海南岛和菲律宾等。它树高30米左右,树干直径粗的达1米以上。当油楠长到12～15米高时,就能产"油"。一棵大树每次可采集到3～4公斤"石油",这种"石油"可以直接用来点灯。

澳大利亚专家从野草中也找到了两种"石油"植物——按叶藤和半角瓜。这两种多年生植物,生长很快,每周可长高30厘米,一年可收割多次,而且含"石油"量也相当高,每公顷可出65桶"石油"。

菲律宾发现了银合欢树,也是一种能产"石油"的植物,他们已种植了18万亩,估计每年能提供植物原油100万桶。

在庞大的植物世界里,"石油"植物到底有多少仍然是谜:据巴西报道,他们的一个能源专家组用两年的时间,对巴西高原热带丛林中的植物进行了广泛地考察研究,共发现了700种藤本植物能分泌出白色的乳汁,这种乳汁只要通过简单的分离加工,就可获得柴油或高级汽油。科学家分析,在不久的将来,"石油"植物将会成为新能源开发的热门,尤其是种类繁多的藤本植物,它含"油"量高,生长速度快,而且在温暖地带可以周年采收。

## 能 运 动 的 植 物

在动物界,路遥任马跑,天高任鸟飞,水深任鱼跃,它们完全处在一个自由和运动的世界里。植物也不例外,尽管植物没有眼、腿、手、翼、嘴等器官,它们同样可以进行运动。目前,人们知道能运动的植物有近千种。如梅豆、菜豆的爬竿运动,葡萄、丝瓜的攀援运动,向日葵的取光运动,苜蓿、酢浆草的睡眠运动,猪笼草、毛毡苔的捕虫运动,等等。最为奇妙的"运动员"应该算含羞

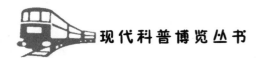

草和舞草了。

文雅秀气的含羞草似乎有动物的敏感，人若触动一下它的叶子，它立即就"垂壁低头"，先是小叶闭合，接着叶柄萎软下垂，颇有少女的娇羞。所以，取名为含羞草。含羞草原产南美洲，为了避免狂风暴雨和动物对它的袭击，也就自然演化成上述动作了。含羞草叶柄上长着4个羽毛状的叶，羽毛状的叶又由许多对生的小叶组成。小叶柄和大叶柄的基部像我们的膝盖一样，并稍有膨大，膨大部分叫叶枕，叶枕下半部的细胞壁较厚，上半部的较薄。在正常情况下，细胞中充满了细胞液，使叶子处在正常状态。当一受触动，小叶叶枕上半部的细胞中水液迅速进入细胞间隙，因而先引起小叶闭合。大叶柄基部的叶枕正好与小叶叶枕相反，它的下半部细胞的壁薄，细胞间隙较大。所以，较重的刺激又引起大叶枕叶柄的下半部细胞失水、萎软，使整个复叶部下垂含羞。

舞草与大豆是近亲，属豆科植物，叶子由三片组成，中间的叶片特大，长圆形。两侧的小叶特别小，像两只兔子耳朵，能经常自发地进行转动。一般约1分钟转动一次，而中间的大叶上下成6～20度角地摆动。奇妙的是，这种摇摆运动完全是在没有任何触动和刺激下自动发生的。舞草在荒芜寂寥的野外自寻娱乐，不断地舞动着自己的叶片。到了晚上，"跳舞"自然停止，消除一下一天来的"疲劳"。舞草的运动，有人认为是由植物内部的生理变化，影响到叶基两半部分组织的膨压不均衡而引起。这种运动，叫植物生理学的自发膨压变化运动。

早在18世纪，科学家第一次在电鳗中发现了生物电。现代发现认为，在动植物体内，包括在人体内都有一种生物电流，只是很微弱就是了。为此，有些科学家认为，捕虫草受到了昆虫的触动，首先产生生物电流，来传达信号引起捕虫动作。在不同的植物中，生物电传导的速度是不同的，如在葡萄和轮藻中，传导速度大约是每秒钟只有1厘米,而在含羞草中,每秒钟可达30厘米左右。因此,当一触动含羞草的叶子,它的叶枕很快就能感觉到了。这种说法,对上述接触运动的植物是可以解释的,但对自动不停地"跳舞"的舞草来说,又如何解释呢,这仍然是个谜。

# 动植物共存互益之谜

植物与动物之间,有的是你死我活的斗争,如动物吃植物,人们能看到的例子很多,这已不是什么新鲜事了。有的植物为了抵御动物的攻击,生长着锐利的刺或毛,有的溢放出怪味、臭味甚至有毒。有的植物还敢于"捕食小动物",如毛毡苔和狸藻等植物。

可是,植物与动物之间还存在着一种"友谊"关系,如大象给大王花植物传播种子,鸟给槲寄生树去种皮播种,蜜蜂给无花果传粉,这只是"友谊"的一个方面。还有一种共存互益和更为亲密的"友谊"呢。

法国植物学家埃尔马诺·来翁1931年在古巴发现了一种棕树,并定名叫蝙蝠棕。它树高15米左右,茎秆直立高耸,树顶集生着许多能庇荫的形状又长又大的复叶,形成下垂潇洒的伞状树冠。由于它枝叶繁茂,白天枝叶间藏匿着成千上万的蝙蝠,夜幕降临,蝙蝠纷纷出窝找食,第二天早晨又重新回棕树栖息。就这样长年累月地往返,树下周围已覆盖了9寸左右厚的蝙蝠粪便,成为蝙蝠棕树生长的最好肥料。蝙蝠和棕树之间,结成长期共存友好的"感情",彼此理解,相得益彰。

更有趣的是生长在巴西森林中的一种蚁栖树,它与我国桑树是同一个"家族",都属于桑树科。

蚁栖树能"邀请"一种益蚁,并让它住在自己中心空的茎秆

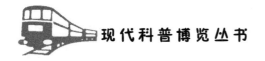
里,茎秆上有笛眼大小的孔,益蚁正好从这里出入。在当地,有一种专爱啮食各种树叶子的蚂蚁,当它们来到蚁栖树时,益蚁就会群起而攻之,直至把这些害虫全部赶跑为止。益蚁为什么甘当蚁栖树的"卫士"呢?它不是为了讨好,而是蚁栖树的叶柄基部长着一丛毛,毛中生长着一种蛋白质和脂肪构成的小球,益蚁把这些小球当作自己的粮食。奇特的是,益蚁搬走小球不久又可长出新的小球。这样,益蚁既有"房子"住,又有吃不完的粮食。为此,益蚁愿成为蚁栖树的"终身卫士"。

在自然界中,像这种动物与植物共存互益的"朋友"究竟有多少,它们之间有哪些微妙的关系,仍有待于人类去进一步探讨和揭开。

# 植 物 情 感 之 谜

20世纪以来,俄、美、日等国科学家在进行大量植物实验后认为,植物也有"头脑",不仅会表露情感,还能忍受痛苦、饥饿,并且具有同情心。苏联莫斯科农学院的实验人员在把植物根部放到热水里时,"听"到仪器立即传出植物绝望的"呼叫"。植物的"爱"使它们可以共生:洋葱和胡萝卜、大豆和蓖麻、玉米和豌豆、紫罗兰和葡萄……不但可以"和平共处",而且能造成互为有利的生态环境。

植物的"恨"又使它们"水火不容":卷心菜和芥菜,水仙和苤蓝,甘蓝和芹菜,黄瓜和番茄,荞麦和玉米,高粱和芝麻,白花草木樨和小麦、玉米、向日葵……都是"冤家对头"。

人们对植物情感的研究还处于经验积累和实验阶段,理论上的解释,有的在进行,发现某种植物的"气味"可以被另一种植物"喜欢"或"拒绝",更多情况却是"知其然而不知其所以然"了。

# 果树种子的怪脾气

北方落叶果树种子不经过层积处理在春天播种不发芽,只有经过层积处理后播种才能发芽。种子为什么会具有这种奇怪脾气呢?

人们知道,种植果树一般先要用种子培育出苗木作为砧木,然后进行嫁接。一般情况下,落叶果树的种子采集后,即使给予适宜的水分、温度、通气等发芽条件也很难发芽,这种现象称为种子的自然休眠。休眠的种子需要在一定低温(1~7℃)、湿润和通气条件下,缓慢吸水,在酶的参与下,把复杂的有机物质转变为简单的有机物质,逐步完成后熟过程,才能具有发芽能力。层积处理正是使种子完成这一后熟过程。秋播的种子是在田间自然条件下完成后熟过程。春播的种子须经人工层积贮藏才能完成后熟过程。

北方落叶果树的种子具有这种自然休眠特性,这是由于种子秋季成熟后,很快就遇到严寒的气候,如果当时萌发,即会遇到冻害而被淘汰。因此经过长期系统发育而形成了种子休眠特性,它是果树与环境条件矛盾统一的结果,这对树种的生存和繁殖是有利的。南方常绿果树的种子,一般没有休眠期或休眠期很短,只要采种后稍晾干,立即播种,在温度、水分、通气良好的条件下随时都能发芽。

生产上采用的层积方法,主要分地面层积和挖沟层积两种。层积场所须选择地势高、排水好、通风阴凉的地方,按1份种子与3~20份湿沙的比例进行混合或把两者分层层积。沙的湿度以手握成团,触之即散为度。少量种子放置冰箱中(1~7℃)沙藏也可起到同样作用。同时,在种子沙藏期间要注意经常检查,以防止

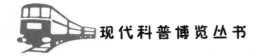

种子霉烂、干燥和被鼠咬。

由于不同树种的种子需要的后熟天数不同,层积处理的开始时期,可根据各树种需要的层积天数和当地的春播时期向前推算。层积时间过短或过长,都会降低发芽率。一般果树种子层积天数,大粒种子如山桃、山杏等为90天左右,小粒种子如海棠、杜梨等为60天左右。也有特殊情况,如山楂种子由于种皮厚、质地致密、透水性差,用一般层积方法需隔年才能萌发。所以,种子须经特殊处理后再进行层积沙藏。

种子层积处理虽然已广泛应用于生产中,但层积处理能克服种胚休眠的生物学机制尚未完全清楚。虽然有许多试验报道了在低温冷藏期所发生的变化,包括种子吸水力的提高,酶活性增强、酸性增加和复杂的贮藏物质转化,等等。这只是标志着种子提高了发芽能力,而不是控制休眠机制因素的解除。到目前为止,还未发现一种生长促进剂和生长抑制剂本身能诱导或解除休眠。这些方面还有待于进一步研究。

## 葵花向阳的奥秘

葵花向阳是人们所熟悉的植物运动现象。过去的研究认为,这种运动是由阳光造成的,即在阳光照射下,葵花生长点里的细胞电极化,负电荷趋向阳面,正电荷趋向背面,而葵花体内的一种带负电荷的生长素就会被吸引到带正电荷的背面细胞里,于是造成生长素多的背面生长快于阳面,产生向光弯曲。但是最近国外有人研究提出,葵花向阳运动是温度的作用。他们做了许多试验发现,把葵花置于温室中,以冷光代替阳光,或将阳光遮起来,花头一动也不动;而用一盆火取代冷光,葵花则不分早晚,不辨东西地乱转起来。那么为什么向日葵变成了向"热"葵了呢?原来葵花是菊科植物,具有典型的头状花序,即大花的边缘为舌状花(又称不完全花),中间的小花是筒状花(又称完全花)。葵花筒状花的纤维非常丰富而敏感,当它们受到阳光照射之后,温度便逐渐上升,基部的纤维因热而收缩,使花朵产生一种"动力",不断迎着热源——太阳而转动。

总之,人们对葵花向阳这种有趣的植物运动进行了不少研究,并各有其说,但是其运动机制到底是光电作用还是温度作用,还是两者兼有之,或另有原因,为什么其他菊科植物很少有这种向阳运动等问题仍需继续探讨。

## 植 物 定 时 开 花 之 谜

我们知道各种花卉一年当中只在一定的季节开放,例如,冬末春初有梅花,春季有连翘,夏季有荷花,秋季有菊花,冬季有一品红,等等。如果我们再细心地观察会发现,许多花卉在一天之内开放的时间也是一定的,例如,牵牛花在清晨5点左右开放,午前闭合,所以又叫朝颜;芍药、睡莲在早晨8点左右开放,傍晚闭合;半枝莲在正午12点强烈的光照下开放,夜间或阴雨天闭合,故又称太阳花;紫茉莉花傍晚17点左右开放,清晨闭合,又称夜娇娇;而月见草、待霄草等完全在夜间开放,白天闭合。

早在18世纪,瑞典著名的植物学家林奈就发现了这些花卉开放的规律性,并按照它们一天开闭时间的不同将它们种植在一个大花坛上,造成一座有趣的"花钟"。为什么这些花卉一天之内要在一定的时间里开放呢?这是由于它们花朵开闭与光照强度有关,有些需要强光照,有些需要弱光照,有些则不需光照或极微弱

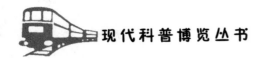
的光线即可,而且所需的光照不必一定是阳光,在相同强度的灯光下也能正常开花。但是,是什么因素决定了牵牛、芍药、睡莲、紫茉莉开花需弱光照,半枝莲开花就需强光照,而月见草、待霄草则在黑暗或月光下就能开放呢?这些问题至今还是个谜。

## "昙花一现"之谜

昙花是仙人掌科昙花属,原产于南非、南美洲热带森林,属附生类型的仙人掌类植物,性喜温暖湿润和半阴环境,不耐寒冷,忌阳光暴晒。其花洁白如玉,芳香扑鼻,夜间开放,故有"月下美人"之称。据报道本属约有20个种,3000多个品种。昙花引入我国仅有半个多世纪的时间,品种较少,常见栽培的只有白花种,但是"昙花一现"的成语却在我国广为流传,这是由于昙花只在夜间开放数小时后就凋萎的缘故。

昙花究竟能开放多长时间,这与当时的气温有一定的关系。一般情况下,7～8月多在夜间9～10点开,至半夜2～3点凋谢,花开4～5小时;如在9月下旬至10月份开花,则多在晚上8点左右开放,至凌晨4～5点凋谢,花开8～9小时。为改变昙花这种晚上开花的习性,使更多的人更方便地观赏到昙花的真容,可采用"昼夜颠倒"的方法,使其白天开放。当花蕾开始向上翘时(花前4～6天),白天搬入暗室或用黑布罩住,不能透一点光,从上午8时至晚上8时共遮光12小时,晚上8时后至翌晨8时前,利用灯光进行照射(200W/30m2),这样处理4～6天,即可使昙花在白天开放,时间可长达1天。如欲使昙花延缓1～2天开放,可以在临近开花的时候,把整个植株用黑罩子罩起来,放在低温环境下,它便可以按照人们预定的日期开放。昙花还有一种特性,不开就一朵也不开,要开就整株或一个地区的同种昙花同时开花,因此一株栽培管理良好的昙花,夏季往往同时开放几十朵花,开花时清香四溢,光彩夺目,蔚为壮观。

总之,昙花夜间开花是它自身生物学特性决定的,要想让它白天开花,人们一直采用"昼夜颠倒"的技术措施。但是,为什么昙花开放的时间这么短,是体内营养的关系还是另有原因?昙花体内是否有一种特殊的控花激素,致使整株或一个地区的同种昙花一齐开放,这种信息又是怎样传递的?这些问题目前还没有清楚的解释,有待于人们去揭示。

## 郁金香"盲蕾"之谜

郁金香是百合科,郁金香属多年生球根花卉。原产于地中海沿岸及中亚细亚、土耳其等地,后传入欧洲,经过几个世纪的栽培和杂交育种,它已经成为世界最著名的、各国广为栽培的球根花卉。

郁金香于秋季栽种种球,球根在地下经过一冬,第二年春随气温升高迅速生长并开花,花开后地下新球根也快速膨大,6~7月将成熟的新球和子球挖出,贮藏在适宜的温度下让其渡过休眠期,秋季来临再种。但是有时经过贮藏后的球根种植后会出现花芽败育现象,即花蕾枯萎不能开放,又称盲蕾。最早发现这个问题的是日本人。在第二次世界大战前,郁金香的种球都是从荷兰经西伯利亚海运到日本,这些球根栽种后都能正常开花。第二次世界大战中,由于苏联对水面的封锁,运郁金香的船只能改道南下经印度洋再到日本,结果就发生了花芽败育现象。经过日本花

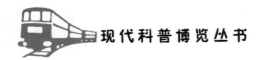

卉专家的研究分析终于找出了原因,原来郁金香的花芽分化的温度是17～20℃,所以这段时间应将其球根贮藏在干燥且适宜的温度条件下,而这后一条运输途径使郁金香的球根暴露在印度洋高温多湿的环境中,致使花芽发育受到阻碍,造成盲蕾。

但是,就是在发现盲蕾现象的同时,却发现这种不开花的郁金香球根的繁殖能力却增强了,新球的质量也有所改进,这种现象很快受到专家们的重视,并且在20世纪50年代中期由家本氏等人,采用将郁金香的球根放在33℃～35℃高温下,人为地诱发盲蕾以增加新球的繁殖率,以后将这种人工促进郁金香球根繁殖的方法叫做消花法。现在消花作用的机制已基本上清楚,即当郁金香种球的休眠解除之后,球根内的生理作用开始活跃,而高温阻碍了球根内贮藏营养向可溶性营养的转化,致使活跃的中心——花芽因缺乏可溶性营养和水分而饥饿致死,由于消除了顶生花芽,破坏了顶端优势,使侧芽获得了萌发生长的条件,于是促进了球根的繁殖。

在进行郁金香的促成栽培中,经常将其球根挖出后先在34℃高温处理一周,然后放至20℃贮藏一个月使其花芽分化完成。那么为什么短时间的高温处理有利于郁金香的花芽分化,而长时间的高温处理就阻碍了其花芽发育?人们不得而知。而且现在世界上郁金香的品种有8000余种,每个品种或每一类型的郁金香的消花处理时期和所要求的天数到底是多少仍是问题。

## 菊 花 千 姿 百 态 之 谜

菊花原产于我国,是我国传统名贵花卉之一。它的祖先是一种小小的黄花,经过3000年来不断的自然选择和人工培育,发展到今天具有4000多个品种。菊花的叶型、花型、花色变化多,在花卉中名列榜首,在生活中,五彩缤纷、千姿百态的菊花,给人们以美的享受。

菊花不单给人们以美的享受,而且有的菊花还有很重要的实用价值,如浙江的杭菊是很好的清凉饮料;安徽的滁菊、亳菊是良好的清热、解毒中药;除虫菊更是人所皆知的天然农药。另外,菊花不怕烟尘污染,还能吸收空气里对人和动植物有毒害的气体,如二氧化硫、氟化氢等。菊花起到了净化空气、保护环境的作用。

菊花在自然界中的千姿百态,主要是由于自然环境的变化和人工杂交、驯化诱变的结果。首先,在自然界中由于气候和土壤环境条件变化,使原来的花色发生变化,形成一种新的花色,人们把它选择出来,通过无性繁殖保存下来,这也就是人们所称的"芽变"。第二,有性杂交,通过两个不同颜色的品种杂交繁殖出第三种花色来。有人们有意识的杂交,也有蜜蜂、蝴蝶和风传粉杂交而成。第三,运用物理和化学新技术使菊花发生"突变",如用射线、Y射线和中子线处理菊花种子或枝条。这种人工"诱变"能更多、更快地创造新品种。第四,也可用嫁接方法,把很多不同品种菊花的枝条嫁接到一株菊花上,使一株菊花变成多个花色。

到目前为止,增加菊花花色品种的方法大致有以上几种方法,但是,是否还有其他更理想的选育方法?如植物生长调节剂的应用等。同时,不管采用哪种方法选育菊花品种,人们还不能准确地选出想要的花型、花色,从某种意义上来说还具有随意性和盲目性。关于菊花的遗传机制方面等一系列问题,还都有待于进一步研究。

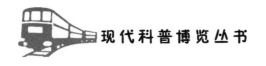

# "大米树"植物之谜

人们只知道禾本科植物的水稻能生产大米,可你知道高大的树木植物也能生产"大米"吗?这种树叫西谷椰子,也叫米树,它属于棕榈树科,外观与棕榈树完全一样。米树主要生长在亚洲和太平洋的热带地区,马来半岛、印尼诸岛和巴布亚新几内亚等国家和地区较多。米树和棕榈树一样,树干挺直,叶片很长,长3～6米,四季常绿,是较为理想的风景树。它生长较快,十年就可长成10～20米高的大树。米树的开花习性非常奇特,它与竹子一样,一生只开花一次,开花后,就宣告生命的结束,几个月内就会慢慢地死去。这样,米树一般寿命也就是10～20年。

米树为什么开花后就会死亡,至今仍然是个不解之谜。有的人解释,可能与它的生理结构有关。因为米树的树皮内全是水溶性淀粉,"大米"就生长在这里,一棵大树中能贮存几百公斤淀粉。它平时树干内的淀粉没有那么多,到了开花时,树干内的淀粉积累最高,但令人难以置信的是,这几百公斤的淀粉在开花后较短的时间内就会全部被消耗掉。到时,枯死的米树只留下一根空空的树皮。当地农民为了能获得更多上帝所赐给他们的"大米",因而必须在米树开花后的一周内就立即把它砍倒,及时收获其树干内所积累的淀粉。人们把刮下来的淀粉放入桶中,加水搅拌成米汤,然后澄清去杂和倒掉上层的清水,取出晾干,最后再加工成一粒一粒的"大米"。这就是我们通常在市场上见到的"西米"。

"西米"不仅是当地土著居民的重要粮食,同时还是纺织工业的上浆原料等。

近年来,一些发达国家对木本粮油的基因工程转移很感兴趣。

生物科学研究证明,含油分高的种子一般寿命短,而表面坚硬并木质化的种子寿命就长一些。如花生种子,种皮很薄,一动就破,再加上种子易裂和变质,种子隔年发芽率就很低。甘蔗的种子成熟后,呼吸作用仍很旺盛,在高温通气的条件下,种子的养分很快被消耗掉,种子当即就失去发芽能力。板栗种子尽管表皮有一层硬壳,由于种子水分较高,如干燥失水,自然就不会发芽。杨树种子,在一般通气条件下只能活3～4天,但把它藏在密封的瓶子里,3年仍有发芽率。这就告诉人们,不论什么植物的种子,只要在低温、干燥、密封的条件下保藏,种子寿命就可延长。这只能说有一定的科学道理,但不是绝对的,如前面说到的板栗种子一干燥就失去活力,不干燥种子也会变质而同样死亡。

长寿型种子寿命到底有多长,这也是一个难解之谜。如我国新疆维吾尔自治区若羌古墓里发现的两粒小麦种子,曾在地下沉睡了500多年,播种后仍能发芽结实,并育成了"戈壁麦"在若羌地区推广。又如1951年我国在辽宁省新金县普兰店镇从泥炭土中挖出的古莲种子,经中国科学院当时用碳测定,距今已有多年。北京植物园对这些古莲种子进行了发芽试验,结果第一批种植的古莲已开花结子。1974年中国科学院的专家对古莲种子结构进行研究,他们发现古莲种子有一层坚硬的外壳,由栅栏细胞和纤维组织组成,可以防止水分和空气内渗或外泄。同时,在古莲种子里还有一个小气孔,里面大约贮存着0.2立方毫米的氧气、二氧化碳和氮气,这样可以长期维持在最低限度下的种子生命力。当然,从试验的理论上这样推理是完全正确的,但人们不禁要问,如上述两类种子不及时发掘出来,它的生命力是否还能继续存在,那么,它们的寿命到底有多长?

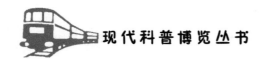

## 榕树预报地震之谜

榕树是一种常绿的大乔木。日本女子大学教授岛山博士经过10多年的研究,掌握了榕树生物电变化规律,发现这种树对地震的反应极其灵敏。他发现,震前10至50小时,榕树的电位出现反常情况,根据这一变化,可以预报地震。

有这样一个成功的例子:1979年6月29日,日本伊豆半岛东部海面发生6.7级地震的前12小时,岛山博士就根据榕树电位变化,预报了地震的震级和方向。

据说,用这种方法能在距离震中400公里的地方,捕捉到7级以上地震的前兆现象。这一方法的原理是:榕树受到地震前地磁场和地电场发生的变化的刺激。这道理当然是对的,问题是为什么只有榕树能受到刺激,其他树木却"麻木不仁"呢?

## 古柏青烟之谜

重庆市有一种神奇的杨树,雨过天晴时,树冠上往往会冒出淡蓝色的烟雾。

这一现象已经得到科学的解释:刚刚离开叶面的水蒸气遇冷凝成小水滴,形成雾滴,加上太阳光的反射作用,就形成了烟雾。

可是,湖南衡阳柏树湾的田埂上有一棵古柏,高15米,直径1.3米,裸露在地面的根延伸达200多米,据说已有700多年的历史了。

它也能冒青烟:久晴不雨时,它冒青烟,人们知道要下雨了;久雨不晴时,它也冒青烟,人们知道该晴天了。人们都说它有"天气预报"的功能。

对这两种相反的晴雨状态,柏树都有反应,要解释起来,恐怕就复杂多了吧?

# 槐 树 喷 火 之 谜

1988年4月16日12点40分,上海武康路泰安路上,出现了一件非常罕见的事,一棵大槐树突然从粗大的树干上冒出耀眼的火星,从树洞里窜出熊熊火焰。

当这棵枝叶翠绿的大槐树燃烧时,有人连忙给消防队报了警。几分钟后,消防车赶到,他们用灭火器扑灭了乱窜的腾腾火舌。人们以为这下子没事了,谁知过了一会儿,火舌又从树洞里冒出来,消防队员又用高压水枪猛射一阵,才算熄灭了火舌。

很多人都目睹了这一奇怪的喷火现象,议论纷纷,谁也说不清原因。据消防队猜测分析,可能是地下煤气管道漏气,蓄积在树洞之中,散不出来,有人扔了烟头,点燃了煤气。可是,很快就有人否定了这一推测,因为当天煤气公司的人前往现场作探漏检查,并没有发现管道有漏气现象。

好端端的槐树为什么会自行燃烧,这真是个难解的自然之谜。

# 树 的 寿 命 究 竟 有 多 长

据科学家统计:苹果树能活100至200年;柳树可活150年;梨树可活300年;核桃树可活300至400年;椵树可活400至500年;

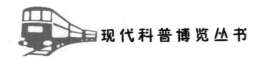

榆树可活500年；柏杨和松树可活500至600年；桦树可活600年；樟树可活800年；无花果可活1000年；雪松可活2000年，紫杉和柏树可活3000年。目前，我国南京的一棵桧柏已有1500岁的高龄，相传是六朝时候留下来的，名曰"六朝松"；山东曲阜孔庙里的圆柏已有2400多年的历史；山东莒县定林寺中有一棵银杏树，已活了3000多岁。

另外，台湾原始森林里的红桧，都是几千岁的老树。

国外一些高龄树更令人惊奇：美国加州的"世界爷"可达4000岁，其中有一棵竟活到7800多岁，不幸于20世纪80年代倒地死亡；在离北非海岸不远的加拉利群岛上有一棵龙血树已有一万年历史了，可惜于1868年被大风摧毁。迄今为止，人们一致认为这棵龙血树是年岁最大的，是树中的"老寿星"。

# 铁 树 为 何 不 易 开 花

铁树的老家在热带，习惯于热带生活，它特别怕冷。在我国广州地区，铁树生长在野外，可长到3～4米。东南亚一带，有的铁树竟高达20多米。但在我国北方铁树长得矮小，一般为盆景植物。

其实，铁树并不是不容易开花。它在适宜的气候条件下，达到一定年龄就会年年开花。在我国广州，铁树只要种植10年以上就会开花。铁树之所以在人们的印象中不易开花，是因为它在我国常常处在温带和寒带，一年中气温变化大的环境里。在这种对铁树不甚适宜的环境里，它就很难开花了。

# 最胖的树有多胖

你见过的胖树有多胖?也许需要十几个人手拉手才能把它围起来。可是在非洲东部的热带草原上,生长着一种形状奇特的波巴布树。它的"腰围"有50米,要40个人手拉手才能围它一圈,而它的身高却只有10多米。所以人们都叫它"大胖子树"。

大胖子树在旱季便将全身的叶子脱光,以减少水分蒸发;可是一到雨季,就拼命地吸水,胖胖的身体里装满了水。有人测算过:一棵大胖子树竟能贮水450千克,真成了大水桶!它吸饱了水,便开出很大的白花朵。大胖子树的果实肉厚味美、清凉可口,猴子、猩猩尤其爱吃,所以又称"猴面包树"。大胖子树的叶、果、树皮都可以用作药材。它还是植物王国的长寿树,一般能活四千至五千年呢。

# 光棍树为什么不长叶子

在非洲的沙漠地区,有一种只长干和枝、不长叶的树,人们称它为"光棍树"。

光棍树不长叶的原因是为了更好地同干旱的沙漠气候作斗争,以求得生存。如果叶茂,就会增大蒸腾作用,光棍树就会无法适应干旱沙漠气候而被淘汰。为此,光棍树以绿色的茎与枝条代替叶子进行光合作用,吸取阳光的营养来壮大自己,这样叶子就慢慢退化了。另外,没有叶的光棍树,可使那些吃叶的动物不去光顾,以免受到侵害。总之,光棍树之所以不长叶,是在自然选择过程中适应环境以求生存的结果。光棍树在我国南海也有大量

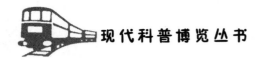

生长。

光棍树的枝条里含有乳白色的乳汁。汁有毒,人碰着会使皮肤红肿。据植物学家分析:乳汁里含有丰富的碳氢化合物,可以提取做燃料,因此光棍树又被人们认为是"石油植物"。

# 趣味植物

照明草——冈比亚南斯朋草原上有一种灯草,叶面上有银霜似的晶珠,晚上闪闪发光,照得周围很清晰。当地居民把它移植到家门口当作"路灯"。

蜜草——这种草的茎叶香甜如蜜,据测定,蜜草所含的"蜜草精"成分比蔗糖甜300倍。

迁移草——这种草会自动"搬家",干旱一来,它自动收起地下的根部,卷成小球到处漂游,遇到湿润土地,便重新扎根生长。

喜猫草——这种草的叶为白斑圆形,初夏开白花。它对人无任何影响,但对猫科动物的神经有奇效。得此草者,猫群会自动跟随,依依可人。再凶的野猫,也会变得温顺可爱。日本的动物学家正在研究此草能否驯虎,因虎同属猫科类动物。

指南草——在墨西哥的崇山峻岭中,生长着一种奇特的"指南草"。其叶片总呈南北方向,因而当地土著居民在狩猎时均靠"指南草"辨别方向。

石头草——在美洲的沙漠中,有一种小石草,因其全身像河滩里的小圆石而得名。它的两片对生的叶子极像了鹅卵石。这种草杂生在许多真正的石头中间,因而人畜往往难以分清是石头还是草。

测酒草——巴西亚马逊河流域生长着一种奇特的"含羞草"。

它对酒精的气味特别敏感,凡是饮酒过多的人走近,浓烈的酒味就会使它枝垂叶卷,几近萎谢之状。当地警方常用这种草测试那些酗酒开车的人。

抗旱草——在南非荒漠地带有一种草,茎很矮,外表有不规则的花纹,全身像养殖的乌龟壳,故名"乌龟草"。由于它生长的地方经常缺少雨水,所以它只好依靠透水性能差的"乌龟壳"来抗旱。有趣的是,在下雨时,它能很快地从"乌龟壳"上抽出一根绿色的长茎,吸收水分,开花结果,敷衍后代。

醉人草——埃塞俄比亚有一种醉人草,茎高一尺多,叶片上的小孔分溢出脑油,香味浓烈沁人心脾。人若嗅上一会儿,便会身热心跳,面红耳赤,如同喝醉酒一般。如果人在醉人草旁坐上一刻钟,便会烂醉如泥。

跳舞草——印度生长着一种跳舞草。这种跳舞草可供人观赏,即使在无风的情况下,它呈弧形的两个叶片也会像钟表指针一般,回旋不息地运动。到了夜间,较大的一片停止活动,但较小的叶片仍在翩翩起舞,十分可爱。有关学者研究后指出,这种植物的舞姿实际上是一种自卫行为,以此驱赶来犯的动物。

含羞草——又名知羞草,为豆科多年生草本或亚灌木。株高20～60厘米,全株具刚毛和皮刺;2回羽状复叶,总叶柄长3～4厘米,小叶长圆形。头状花序腋生,花小,花冠4裂,淡红色,花期7～10月。荚果,种子宽卵圆形。含羞草小叶对外界刺激极为敏感,轻触即闭合,5～8分钟后恢复原状。含羞草能动弹,其实是"利用"了液压机的工作原理。在它们的内部,进行着一个又一个的液压传动!在含羞草叶柄的茎部,有一个储藏液体的囊袋,它好像液压机里的油缸。平时,囊袋里装满了液体。当你触动叶子的时候,囊袋里的液体就向上部和叶子两侧流动,叶子在重力的作用下就下垂、合拢了,看起来就像是羞羞答答地低下了头。等平

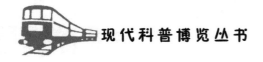

静一会儿,液体又慢慢从叶子两侧流回下面的囊袋,依靠液压传动,叶子重新抬起和展开,含羞草就又抬起了头。

## 见血封喉树

我国西双版纳地区的傣族人,习惯用箭毒木的毒汁制造毒箭打猎。这种毒箭杀伤力很强,野兽一旦中箭,见血即死,因此人们叫它"见血封喉"。

箭毒木是一种高大常绿乔木,属桑科植物。树高25～30米,树干通直,树冠庞大。叶呈椭圆形,有十几厘米长,春夏开黄花,秋结紫黑色肉果,有蜜味花芳。树皮和叶子中有白色的乳汁,内含强心甙,有剧毒。如果进入眼中,眼睛顿时失明;一旦进入血液,能使肌肉松弛,血液凝固,心脏停止跳动。

1859年,英国军队入侵东印度群岛,婆罗洲的土人把芦苇薄片的一端削成箭头,蘸上箭毒木的汁液射向来犯者,英军纷纷倒毙。在美洲、非洲和欧洲的土人,都有用这种毒汁制造武器来抵御外来入侵者和捕猎野兽的历史。由于箭毒木的毒性强烈,有人称它为"死亡之树"。这种树木具有药用价值,已被我国列为国家三级重点保护植物。

箭毒木大多分布在赤道附近的热带地区,我国的海南岛、云南和广西、广东等地也有少量分布。

## 植物的"化学武器"

1981年,英国东北部的一千万英亩橡树林的橡树叶,被舞毒蛾啃得精光,可是到了第二年,那儿的舞毒蛾突然销声匿迹,而橡树也恢复了生机。科学家分析橡树叶子化学成分后发现,原来舞毒蛾咬食之前,橡树叶子含有的单宁物质数量不多;咬食后,却大量增加,舞毒蛾吃了含大量单宁的橡树叶后,单宁与舞毒蛾胃里的蛋白质结合,使舞毒蛾浑身不舒服,行动呆滞,结果不是被鸟类吃掉,就是病死。另外,在美国阿拉斯加原始森林,大量野兔威胁着森林,使之濒于毁灭。但是,出乎意料的是野兔突然集体生起病来,最后消失,而森林重新繁茂起来。原来是因为树的叶芽中含有一种"萜烯"的化学物质,野兔吃后生病死亡了。

这说明,植物也有知觉,当它遭受虫兽侵害后,会立即生产自卫的"化学武器",共同杀敌。那么植物之间是怎样联络而制造同一种自卫"化学武器"的呢?这仍是个谜。


## "赐 福 树"


海枣树属于棕榈科常绿乔木,它身高可达40米。

在其顶端丛生着暗绿色的较大的羽状复叶,叶长2至3米。

海枣树形似椰子树,可活到50至200岁,遍布撒哈拉大沙漠。海枣树果实的形状、大小及内核均与大枣相似,故名曰"海枣"。1000克海枣能产生热量6000卡,够一个成人一天所需热量。

一棵成年的海枣树,一年可产蜜枣100至250千克。海枣树的树干里,含有丰富的糖汁,割开树皮,便流出糖汁。从一棵海枣树中,每天能吸取3000克糖汁,可连续收获3个月。

海枣树给人们带来了幸福,人们把它称为"赐福树"。

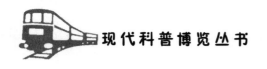
# "活化石"

水杉从前分布很广,后来因气候变化而大量死亡,现在只有我国湖北省利川县及其附近还有活着的水杉,所以人们把它称为"活化石"。

此外,银杉、珙桐也都是活化石。银杏类在晚侏罗世和早白垩世时最繁茂;到了白垩世末期,银杏类突然衰落;到新生代渐新世时,银杏类只剩下两个属的少数种;到今天银杏类只存一属一种——银杏,而且只在我国和日本有分布,而日本的银杏很可能是从我国传去的。

水杉、银杉、珙桐都能找到原生的野生植株或群落,而银杏的野生植株至今尚未找到。

因此,银杏可以说是典型的"活化石"。

# 枫叶变红的秘密

提起植物,人们会首先想到绿色。可是,深秋时分却常常见到满坡枫叶一片火红,正所谓"霜叶红于二月花"。

枫叶原来是碧绿的,到了一定的时候就渐渐变红了,这是因为枫叶内有"花青素"的缘故。花青素本身是五色的,但遇酸呈红色,遇碱呈蓝色。枫叶是酸性的,所以到了深秋就变成红色。那么,花青素又从何来呢?由于光合作用,树叶合成淀粉,淀粉又变成葡萄糖,分别输入树木植株的各个部位去做养料。随着气候转凉,叶子输送养料的能力逐渐减弱,树叶中所含的水分也在逐渐减少,唯独葡萄糖滞留在叶片里。糖分积累多了,便形成了花青素。花青素含量增高的枫叶,叶绿素在气温低的条件下不断分解,于是叶子就变红了。

# 牡丹的由来

牡丹由于雍容华贵、艳压群芳被尊为我国的国花。牡丹花在很多地方都有种植,尤以河南洛阳、山东菏泽最为著名。

牡丹是著名的观赏植物,宜寒畏热,喜燥恶湿,原产我国西北部。后久经栽培,其产地已遍及我国大部分地区,其中洛阳牡丹备受人们推崇,自古被誉为"天下第一"。

据旧小说《镜花缘》描述,洛阳牡丹是从长安被贬而来。武则天赏雪酒醉,强令百花一夜之间全部开放:"花须连夜发,莫待晓风吹。"次日,万紫千红开遍,唯独牡丹不买账。女皇大怒,贬牡丹于洛阳。后来她移驾东都,见北邙牡丹盛开,一时大怒,下令烧山,致使花卉俱焚。但牡丹的根是烧不死的,到来年,花照样开放。

由此可见,牡丹被尊为"花王",不仅仅是因为她的国色天香、浓姿贵彩、艳冠群芳,更重要的是,人们赋予她那种不肯阿谀权贵逢迎邀宠的品格,为百花所不能及,实在难能可贵。

# 茉莉花的由来

江苏民歌《茉莉花》,不仅国人喜欢唱,而且走出国门,成为世界人民传唱的经典之作。那么茉莉花在我国是如何来的呢?

茉莉花又名抹丽、茉莉,是木栖科常绿木本花卉。其花虽无

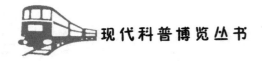

惊人艳态，然而清香纯洁，从夏到秋开花不绝，所以古人称茉莉花为人间第一香。

茉莉花原产印度，早在1600年前的汉代已由西亚传入我国，初时作为药用和观赏植物栽培。茉莉花又经常被串成花串作为头饰，幽香清雅，别有风韵：宋代诗人苏轼就有"暗香着人簪茉莉，红潮登颊醉槟榔"的诗句。茉莉花在宋代已广为栽培。据宋代《闽广茉莉说》中记载："闽广多异花，悉清芬郁烈，而茉莉为众花之冠。岭外人或云抹丽，谓能掩众花也，至暮则尤香。"

而后的《本草纲目》和《群芳谱》对茉莉花的药用价值及其栽培管理和繁殖方法都做了比较详细的记载。

## 菩 提 树 的 由 来

菩提树，《酉阳杂俎》中说："菩提树出摩伽陀国(今印度)，在摩诃菩提寺，盖释迦如来成道叶树，一名思维树。"又据《广东志》里说："菩提树种西域，大可数围。梁天监元年(公元509年)僧智药三藏，自天竺国(今印度)持菩提树一株，航海而来，植于广州光孝寺戒坛之前，迄今千余年，茂盛不改。"

菩提树原产印度，所谓"菩提"系梵语译音，有正宗之意，因相传释迦牟尼在这树下成佛而得名。

佛教认为菩提树下修炼可以成仙。

禅宗六祖慧能曾写过一首诗："菩提本无树，名镜亦非台，本来无一物，何处惹尘埃"，表示出佛教虚无的境界。

# 君 子 兰 的 由 来

君子兰为花中精品。开花的君子兰更为珍贵,花开之时色彩秀丽,清香沁人心脾,有一股"君子"的风度和气质。

作为观赏类植物的君子兰,原是南部非洲的野生植物,1828年一名欧洲移民认为它是一种大有前途的观赏植物,历尽千辛万苦将它引入欧洲。在欧洲试种成功后,其秀丽吸引了英、德、丹麦等国的花卉爱好者,成为受欢迎的盆栽之一。

1854年,君子兰传到了日本,日本一位名叫大久保三郎的学者以这种兰花的美而不艳、卓尔不群的特色,给它取名为"君子兰"。而君子兰传入我国有两种途径,一是德国传教士由欧洲带来;另一是日本人运至长春,时间都在20世纪初。因此我国栽种君子兰的历史迄今也只有百年。

# 西 红 柿 的 由 来

西红柿也叫番茄,顾名思义,它来自"番邦"。其果实外表艳丽,而且肉多,汁酸甜,内含多种维生素,是蔬菜中的上品。在16世纪以前,人们却对它极为畏惧,不把它当蔬菜,认为它是一种毒果。西红柿是生长在秘鲁的丛林中。不知何故,当地土著居民认为它是一种有毒的植物,连碰也不敢碰,并给它取名叫"狼桃"。到了16世纪,英国有一位名叫俄罗达里的公爵游历来到了秘鲁,非常喜欢当地这种果实累累、色彩鲜艳的"狼桃",于是,他把它带回英国皇宫,作为珍贵的礼品奉献给他的情人——当时的英国女王伊丽莎白。从那以后,西红柿在异国他乡的土地上被大量

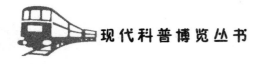

的种植。但只限于观赏，人们认为它是"毒苹果"，吃了要长"毒瘤"，仍然不敢入口。

到了18世纪，法国有一位画家禁不住诱惑，决心冒死尝一尝这"狼桃"果的滋味。他勇敢地吃下一口之后，感到酸甜可口，但想到人们的警告，仍不免心惊肉跳。于是，他穿好衣服躺在床上等死。时间在焦虑、恐惧中慢慢过去，他没有感到任何不舒服，反而食欲大增，12小时之后，这位冒险的画家仍好好地活着，从此他忍不住经常吃起来。这位画家不畏牺牲、勇敢尝试西红柿的趣话在各地传播开来，而西红柿也逐渐成为全世界人民喜爱的佳品。

到18世纪后期，意大利人开始尝试用西红柿做菜，并传至世界各地。

## 韭 菜 的 由 来

六朝有个名士周颙，文才出众，清贫素食，南齐的文惠太子问他："菜食何者为佳?"他答曰："春初早韭，秋末晚菘。"后人认为他的看法确有见地。杜甫所吟的"夜雨剪春韭，新炊间黄粱"已成为脍炙人口的佳句。

韭菜，属百合科的草本植物，因它含有一种叫做"葱化硫"的元素，吃起来略有辣味，更有特殊芳香，可刺激食欲。保加利亚民间妇女，当丈夫生日时，特意用韭菜、牛肉煎饼，合家共叙，为他祝寿。在广州民间也有类似的习俗。家中有人过生日，则以韭菜、大豆芽(不去根)、虾(不去鬓)炒成一碟，以取"长长久久，有头有尾，红皮硕壮"之吉兆。据《本草拾遗》记述，"韭能温中下气补虚"，有滋阴补肾、壮阳固精、散淤消肿等功效。

韭菜原产于我国，约有3000多年的栽培历史，南北各地都可种植。每年收割七八茬，故民间曾有"剃韭菜，寅时割了卯时来"的民谚。它品种资源相当丰富。比如天津的卷毛韭、云南的早花韭、广州的细叶韭等都是国内一流的土产。在北京还发现了一种俗称"野鸡脖"的五彩韭菜，具有黄、绿、白、红、褐等颜色，堪称韭中奇种。

## 辣 椒 的 由 来

辣椒原产于南美洲的墨西哥、秘鲁等地，首先种植和食用它的是印第安人。16世纪传入欧洲，17世纪由欧洲引入我国。辣椒在我国虽然只有400多年的历史，但是我国已经拥有了世界上最丰富的品种，如樱桃椒、圆锥椒、牛角椒、朝天椒和灯笼椒。北京产的一种深绿大柿椒，个大肉厚，甜而不辣，实属炒肉之佳品。此品种已引种全国各地，并传入美国，被誉为"中国巨人"，深受人们的喜爱。

## 茄 子 的 由 来

栽培的茄子起源于野生茄，早在《山海经》中就提到"茄子浦"，说明在我国的自然环境下，茄子的分布甚广。

据考察，我国西南山区，包括金沙扛河谷如甘孜、川滇交界的渡口一带，野生茄分布很广，西双版纳有可食的多年生茄树。早在晋代，《南方草木状》对茄树已有记载，书中说："……种茄宿根有三五年者，渐长，树干乃成大树，夏秋成熟，则梯树采之。"野生茄属植物尚有紫花茄、水茹、蔓生的藤茄等，分布在岭南热带地

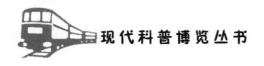

区。我国栽培茄子的历史非常悠久,并形成许多品种,其中也有从邻国传入的,如印度茄种约在5世纪前经西域传入英国内地。又据宋《本草衍义》记载:"新罗国(今朝鲜)出一种茄,形如鸡,淡光微紫色,蒂长味甘,今中国已遍地有之。"外来茄种的引入更增添了我国茄的品种、果形、果色的变异。

## 香 蕉 的 由 来

香蕉,香味清幽,肉质软糯,甜蜜爽口,是人们喜爱的佳果之一。传说佛教始祖释迦牟尼吃下香蕉后获得智慧,因此把它尊为"智慧之果"。

香蕉原产于印度和马来西亚等地。我国在汉武帝时就已栽培。汉代《三辅黄图》中说武帝元鼎6年(公元前111年),建扶荔宫。"以植所得奇草异木,有芭蕉二木"。西非到7世纪才有香蕉,是由阿拉伯商人传去的。传到西欧和美洲那就更晚了。

## 苹 果 的 由 来

我国古代称苹果为柰,已栽培了1600多年。相传在古希腊时代,有个插上翅膀的安琪儿,手中抓着一个金苹果,她飞到之处,一切妖魔就惊慌失措,纷纷躲避。这个童话说明,苹果一向令人喜爱,被视为吉祥之物。它的果型亦相当雅致,味道香甜,含有果糖、果胶、磷素、有机酸等20多种营养物质,许多专家公认它是儿童和脑力劳动者的最佳果品。

## 葡萄的由来

葡萄和胡萝卜、苜蓿是汉朝时由西域传入中原的,其中葡萄已成为中原上佳水果。

据考古资料记载,葡萄发源于黑海和地中海沿岸,7000年前才开始在高加索、中亚细亚、伊拉克等地栽培,以后传入埃及、希腊。在古希腊,人们说葡萄是"植物之神"狄奥萨斯赐给人类的礼品。

我国汉代称葡萄为蒲萄,《史记》中说:"大宛以蒲萄为酒,富人藏酒至万余石。"据《酉阳杂俎》记载,葡萄由张骞从大宛移植到汉宫,大宛就是伊朗一带,张骞从西域回国是公元前128年,可见我国栽培葡萄已有2000多年的历史。葡萄先在陕西一带定居之后,随即向各地广泛传播,深受人们喜爱。曹丕在《魏文帝诏》中盛赞葡萄:"中国珍果甚多,且复为说葡萄,其甘而不过,脆而不酸,冷而不寒,叶长汁多……"把葡萄的优点写得淋漓尽致。

我国葡萄品种主要有"玫瑰香""赤露珠""巨丰"等。新疆葡萄最为著名,相传2000多年前吐鲁番的底开伊努斯王国的国王,从贡品中尝到葡萄,国王欣喜万分,当即派使臣去阿拉伯引进种子,这就是吐鲁番无核葡萄的由来。

葡萄具有极高的营养价值,含有丰富的维生素以及糖、钙、磷、铁等营养物质。目前,我国所产的葡萄以西北部新疆的为上品,成为国内外畅销的产品。另外,华北也是我国优良的葡萄产地。

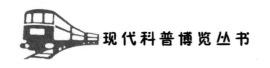
# 香 菇 的 由 来

在食用菌类中,香菇的味道可谓上乘,皮滑肉嫩,颇得食客喜爱。香菇的栽培要有特定环境,我国浙江为产菇第一大省,而且味道鲜美独特。作为浙江省一大名产的香菇,主要限于该省的龙泉、庆元、景宁(现属云和县)一带种植。据当地的传说,香菇的栽培最早起源于距今1500年前当地的一个农民吴三公。三公世居深山密林,常以野味和野生菌为食,这些东西非但味道鲜美,而且无毒又能健身。后来他又发现这种菌在砍断去掉树皮的阔叶树中长得特别旺盛,于是他经过长期实践,掌握了这种菌的栽培技术,这种菌就是现在的香菇。吴三公被当地人奉为菇神,为他建殿,历年祭祀不断,龙泉一带至今尚有吴三公殿的遗迹。

其实,香菇的渊源还可追溯得更远,早在公元前239年的《吕氏春秋》中已有这样的记载:"味知美者,越骆之菌",菌即现在的香菇。公元1313年的元代《王桢农书》中,除了讲述香菇的风味外,还详细记载了香菇的栽培方法,可见当时香菇已有种植。明代李时珍的《本草纲目》中也讲到香菇的药用价值,"香菇乃食物中的佳品,味甘和平,能益味助食及理小便不禁"等。

# 花 生 的 由 来

花生原产于南美洲的巴西、秘鲁一带。1492年哥伦布发现新大陆以前,当地居民早已种植花生数百年,此后,花生的种植渐渐地扩散到欧洲大陆和世界各地。大约在公元15世纪晚期或16世纪早期,花生从南洋群岛引入我国,最初只在沿海各省种植。在明孝宗弘治15年(1502年)的《常熟县志》中有"三月栽引蔓不起长,俗云:花落在地,而生长土中,故名"的记述,这是关于花生种植在我国史料中的最早记载。目前,花生在我国各地都有种植,它是我国重要的油料作物之一。

## 西 瓜 的 由 来

西瓜已成百姓消夏去暑的佳呈,物美价廉,深得民众喜爱。我国是世界上最大的西瓜产地,但西瓜并非源于中国。西瓜的原生地在非洲,它原是葫芦科的野生植物,后经人工培植成为食用西瓜。

早在4000年前,埃及人就种植西瓜。后来逐渐北移,最初由地中海沿岸传至北欧。而后南下进入中东、印度等地,四五世纪时,由西域传入我国。所以称之为"西瓜"。

据明代科学家徐光启《农政全书》记载:"西瓜,种出西域,故之名。"明李时珍在《本草纲目》中记载:"按胡娇于回纥得瓜种,名曰西瓜。则西瓜自五代时始入中国,今南北皆有。"这说明西瓜在我国的栽培已有悠久的历史。

西瓜全身是宝,它既是夏日消暑解渴的佳品,又有很高的药用价值。

## 香 格 里 拉 —— 高 山 植 物 的 天 堂

7月,香格里拉很多植物正在开放。一下飞机,首先吸引我的是挂着球果的林芝云杉。车窗外看去,公路两边是一丛丛开得正

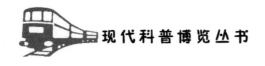
欢的蓝色的鸢尾花,红的或黄的报春花,更多的是叫不出名儿的植物。

在迪庆,我去了普达措国家公园,经过金沙江畔、翻过白茫雪山,专程赶往德钦,看到了神秘的梅里雪山。迪庆的平均海拔达3280米,德钦县境内的梅里雪山是云南最壮观的雪山山群,数百里兀立绵延的雪岭雪峰。海拔6000米以上的太子十三峰,各显其姿,又紧紧相连。主峰卡瓦格博峰海拔6740米,是云南最高的山峰。这些著名的风景,自然少不了成千上万的驴友们的详尽报道和赞美,我也大可不必重复,何况我的相机也拍不了精彩大片,还是展示一些我感兴趣的植物吧,这些都是迪庆境内生长在海拔3000多米以上的高山植物,寻常也难得见到。

山区由于地形复杂,从低海拔到高海拔温度逐渐降低,大约每升高100米,温度平均下降0.6℃左右。即由于地势的升降,直接影响温度的高低和热量条件的变化,进而间接影响花卉植物的种类分布和形态特征,使花卉植物在不同高度的垂直分布上,呈现明显的地带性。高山峡谷地区正是由于高低悬殊,一山见四季,十里不同天,往往在一个非常狭小的范围内,从山脚到山顶,聚集着不同纬度地带的各种花卉,形成了一幅五彩缤纷的山地立体花园图画。一般山区海拔越高,适宜生长的花卉种类便越少,但即使是在海拔3000~5000米的高山上,那色彩斑斓的各色高山杜鹃花,还有那一丛丛、一片片的绿绒蒿、马先蒿、报春花、紫草、虎耳草等,形态奇异,多彩多姿,在夏日下显得十分妩媚。

## 1.林芝云杉

一下飞机,在机场旁看到的就是这挂着紫色球果的杉树,第一次见,后来才知道它的名儿。这里的高山针叶林通常由冷杉、云杉组成。

## 2.苞叶大黄

长在草泽和河滩上,花柱上大大的苞片既可以抵挡紫外线的强烈照射,又透光保温,子房部分能形成类似温室的效应,有助于后代的繁育。

## 3.锡金报春

这个季节开放得最盛的报春花是锡金报春和偏花钟报春,锡金报春的分布似乎更广,公路两边的山坡林地到处能见到它的身影。

## 4.西南鸢尾

植物界对鸢尾花的命名通常喜欢在前面冠以产地,如园林中常见的日本鸢尾、德国鸢尾、巴西鸢尾,等等。西南鸢尾在野外的分布范围还是比较广的,四川、云南、西藏海拔2300～4800米的高山上能见到。

## 5.金黄杜鹃

214国道越过白茫雪山,在拉拉山丫口是路面的最高处,海拔达4340米,这里见不到乔木,只生长着低矮的灌木和一些草本植物。这种杜鹃低矮成群落,花朵很小,现在已经过了盛花期,能找到这株晚开的感到很幸运。

## 6.珠芽蓼

拉拉山丫口路旁的山坡上还能见到盛开着的珠芽蓼,十分逗

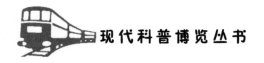

人。

珠芽蓼的花淡红色或白色,花序上有珠芽,可以直接萌发出小型植株,像胎生一样十分有趣。它的拉丁名种"viriparum"意思就是胎生的。冬虫夏草是名贵的中草药,虫草属真菌寄生在多种昆虫体内,而寄主昆虫以寄生在鳞翅目虫草蝙蛾幼虫的最为名贵,这幼虫的寄主植物就是珠芽蓼的地下茎。

### 7. 牛蒡

牛蒡叶大花奇,生命力强盛,原产我国,公元920年左右传入日本。牛蒡籽和牛蒡根既可入药也可食用,别名大力子、东洋参、牛鞭菜等。在我国长期只是作为药用,在日本栽培驯化出多个品种,成为寻常百姓家强身健体、防病治病的保健菜。

### 8. 云南红豆杉

红豆杉一般指红豆杉科中的紫杉属植物,我国有四个种一个变种。前些年不少野生的红豆杉遭了大祸,就为了树皮里能提炼出可以治疗癌症的药物——紫杉醇,很多大树被人生生的活剥了皮——提炼1公斤紫杉醇,需要15至30吨树皮。某地有一棵生长了上千年,胸径达2.6米的"红豆杉王",2001年7月,被当地一农民花了四天时间剥完树皮,获利四、五百元。中国的野生红豆杉,在短短的十几年中遭到了史无前例的砍伐和破坏,野生存量锐减,有的地区甚至已濒临灭绝。

### 9. 银莲花

银莲花广布于世界各地,最常见于北温带的林地和草甸。其中的很多种因花色鲜艳而引入园林栽培。因其花型似为风所吹开,又叫风花。西方国家又以草地银莲花(A.pratensis)、开展银莲花(A.patens)及白头翁银莲花(A.pulsatilla)等象征复活节,故又称"复活节花"。

### 10.委陵菜

委陵菜有很多种,花都是黄色的五瓣,但叶子差异很大,生长的环境也不同。只看花,很容易当作同一种,不开花时只看叶,则可能会被当作毫不相干的植物。

### 11.五齿管马先蒿

马先蒿的种类繁多,大多长在高山湿润草地、沼泽草甸、杜鹃灌丛或冷杉、云杉林下,花色艳丽,形状奇异,全靠昆虫传粉,花冠形态都与长吻昆虫传粉有密切关系。五齿管马先蒿花色紫红,细长的管,扭曲的喙,下唇茎部具白色斑,形态别致。

### 12.花楸

花楸树的分布其实很广,算不上严格意义的高山植物。喜光也稍耐阴,抗寒力强,根系发达,对土壤要求不严,枝叶秀丽,冠形多姿,初夏白花如雪,入秋叶紫果红,现在园林中多有栽培,据说于高温强光处生长不良。在普达措国家公园里见到的一株,和冷杉、杜鹃混生一处。

## "流血"的树

一般树木在损伤之后,流出的树液是无色透明的。有些树木

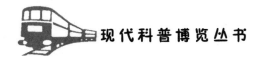

如橡胶树、牛奶树等可以流出白色的乳液,但你恐怕不知道,有些树木竟能流出"血"来。

我国广东、台湾一带,生长着一种多年生藤本植物,叫做麒麟血藤。它通常像蛇一样缠绕在其他树木上。它的茎可以长达10余米。如果把它砍断或切开一个口子,就会有像"血"一样的树脂流出来,干后凝结成血块状的东西。这是很珍贵的中药,称之为"血竭"或"麒麟竭"。经分析,血竭中含有鞣质、还原性糖和树脂类的物质,可治疗筋骨疼痛,并有散气、去痛、祛风、通经活血之效。

麒麟血藤属棕榈科省藤属。其叶为羽状复叶,小叶为线状披针形,上有三条纵行的脉。果实卵球形,外有光亮的黄色鳞片。除茎之外,果实也可流出血样的树脂。

无独有偶。在我国西双版纳的热带雨林中还生长着一种很普遍的树,叫龙血树,当它受伤之后,也会流出一种紫红色的树脂,把受伤部分染红,这块被染的坏死木,在中药里也称为"血竭"或"麒麟竭",与麒麟血藤所产的"血竭",具有同样的功效。

龙血树是属于百合科的乔木。虽不太高,约10多米,但树干却异常粗壮,常常可达1米左右。它那带白色的长带状叶片,先端尖锐,像一把锋利的长剑,密密层层地倒插在树枝的顶端。

一般说来,单子叶植物长到一定程度之后就不能继续加粗生长了。龙血树虽属于单子叶植物,但它茎中的薄壁细胞却能不断分裂,使茎逐年加粗并木质化,而形成乔木。龙血树原产于大西洋的加那利群岛。全世界共有150种,我国只有5种,生长在云南、海南岛、台湾等地。龙血树还是长寿的树木,最长的可达六千多岁。

说来也巧,在我国云南和广东等地还有一种称作胭脂树的树木。如果把它的树枝折断或切开,也会流出像"血"一样的液汁。

而且,其种子有鲜红色的肉质外皮,可做红色染料,所以又称红木。

胭脂树属红木科红木属。为常绿小乔木,一般高达3~4米,有的可到10米以上。其叶的大小、形状与向日葵叶相似。叶柄也很长,在叶背面有红棕色的小斑点。有趣的是,其花色有多种,有红色的,有白色的,也有蔷薇色的,十分美丽。红木连果实也是红色的,其外面密被着柔软的刺,里面藏着许多暗红色的种子。胭脂树围绕种子的红色果瓤可作为红色染料,用以渍染糖果,也可用于纺织,为丝绵等纺织品染色。其种子还可入药,为收敛退热剂。树皮坚韧,富含纤维,可制成结实的绳索。奇怪的是,如将其木材互相摩擦,还非常容易着火呢!

## 比 钢 铁 还 要 硬 的 树

你也许没有想到会有一种比钢铁还硬的树吧,这种树叫铁桦树。子弹打在这种木头上,就像打在厚钢板上一样,纹丝不动。

这种珍贵的树木高约20米,树干直径约70厘米,寿命约300~350年。树皮呈暗红色或接近黑色,上面密布着白色斑点。树叶是椭圆形。它的产区不广,主要分布在朝鲜南部和朝鲜与中国接壤地区,前苏联南部海滨一带也有一些。

铁桦树的木坚硬,比橡树硬三倍,比普通的钢硬一倍,是世界上最硬的木材,人们把它用作金属的代用品。苏联曾经用铁桦树制造滚球、轴承,用在快艇上。铁桦树还有一些奇妙的特性,由于它质地极为致密,所以一放到水里就往下沉;即使把它长期浸泡在水里,它的内部仍能保持干燥。

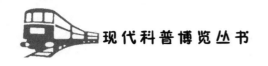

# 冰山奇花 —— 雪莲

　　雪莲(雪兔子)以其美好的名字和顽强的性格给人们留下了深刻的印象。它们生长在海拔5000米左右近雪线的高山碎石坡上。雪莲的茎、叶上密密生长着白色棉毛,好似翻毛皮袄。既可以防风保温,又可以反射高山阳光的强烈辐射,是适应高山风大、温度低、光线强、天气变化快等特殊气候的典型植物。

　　雪莲是菊科凤毛菊属的多年生草本植物,高约20～30厘米,根茎粗壮。在茎的基部密生着许多卵状矩圆形叶片,茎顶则由10多枚薄薄的淡黄绿色的苞叶所包裹。苞叶膜质,宽5～7厘米。苞叶上下排列成2层,顶部微微向外张开,外形有如盛开的莲花花瓣,故有"雪莲"之称。不过,雪莲真正的花却在苞叶叶片包裹的中心。它由约20个圆形的头状花序组成。许多头状花序密集地挤在一起,好像菊花的大花盘。每年7月中旬,头状花序上的紫红色筒状小花竞相开放,形成一团艳丽的大"花蕊",与周围宽大的膜质苞叶相配,这时,才真正像一朵伴着残冰和积雪一同盛开的冰山上的雪莲花。

　　雪莲主要分布在我国新疆的天山、西藏昌都地区和四川西北部海拔4500～4800米的高山上。在青海、云南、甘肃等省区也有其他几种"雪莲"分布,但植株稍小。像树叶雪莲花极小,高仅几厘米,花序上还有白色绒毛或黑褐色绒毛。以雪莲命名的虽有多种,但新疆天山产的大雪莲现已为数不多,故已被国家列为三级保护植物。雪莲是一种贵重的药材,全株均可入药,一般在夏天开花时采收。其茎、叶、花对治疗风湿性关节炎、活血通经、散寒除湿、闭经等疾病均有显著疗效。

## 草本植物中的"金刚"

地球上已发现的植物约有四十余万种,草的种类约占三分之二。这近三十万种植物,统称草本植物。稻、麦、青菜等都是草本植物。

草本植物体形一般都很矮小,墙隅小草长不及二寸,稻子、小麦也仅1米上下。但是在草本植物这个大家族里,也有身躯庞大的"金刚",它叫旅人蕉。这尊"金刚"粗一抱,高七丈,有六七层楼高,是世界上最大的草本植物。

有趣的是,旅人蕉的叶片基部像个大汤匙,里面贮存着大量的清水。这种植物原产于热带沙漠,旅行者身带的饮水喝光,燥渴难忍时,若幸运地遇到它,只要折下一叶,就可以痛饮甘美清凉的水。因此,人们给它起名"旅人蕉"。又因为它含水多,所以又叫"水树"。但是实际上它不是树,而是世界上最大的草本植物。

旅人蕉的家乡在非洲的马达加斯加岛。我国海南岛也有栽种。

## 蜚声国际的"中国鸽子树"

1869年,一位法国神父在四川省穆坪看到了一种奇特的树木。时值开花季节,树上那一对对白色花朵躲在碧玉般的绿叶中,随风摇动,远远望去,仿佛是一群白鸽躲在枝头,摆动着可爱的翅膀。当时,他被这种奇景迷住了。自此以后,便引来欧洲许多植物学家,他们不畏艰险,深入到四川、湖北等地进行考察。1903年首先引种至英国,后又传至其他国家,从此便成为欧洲的

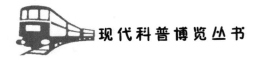

重要观赏树木，被赞誉为"中国鸽子树"。这就是我国特产的珙桐。现在人们习惯称它为"鸽子树"了。据说国际城市日内瓦，家家都种有珙桐树，可见人们对它的珍爱。1954年4月，周总理在日内瓦，适逢珙桐盛花时节，当他了解到珙桐的故乡就是中国时，连连称赞，感慨万千。

鸽子树是一种落叶乔木，高可达20米，枝干平滑。其叶片很大，为阔卵形，边缘有许多锯齿。它的花序是球形的，上面聚集着许多小花。那被赞赏的仿佛鸽子翅膀似的美丽花朵，其实是它的苞片，就长在花序的基部。

关于鸽子树，流传着许多美丽动人的传说。据说，汉代王昭君出塞以后，嫁于匈奴的呼韩邪单于。她日夜思念故乡，写下了一封家书，托白鸽为她送去，白鸽不停地飞翔，越过了千山万水，终于在一个寒冷的夜晚飞到了昭君故里附近的万朝山下，但经过长途飞行，它们已经万分疲倦，便在一棵大珙桐树上停下来，立时，被冻僵在枝头，化成美丽洁白的花朵……。

还有一个传说是：古代一个皇帝，只有一个女儿，取名白鸽公主。这公主不贪富贵，与一名叫珙桐的农家小伙相爱。她把一根碧玉簪掰为两截，一截赠与珙桐，以表终身。但父皇不允，派人在深山杀死珙桐。白鸽公主得知后，不顾一切，逃出宫来，在珙桐受害处，失声痛哭。忽然，在公主眼前长出一棵形如碧玉簪的小树，顷刻之间，长成一棵枝繁叶茂的大树。公主伸开两臂向这棵树扑去，顿时，变成千万朵形如白鸽、洁白美丽的花朵，挂满枝头。

鸽子树之所以珍贵，还由于她是植物界中著名的"活化石"之一，植物界中的"大熊猫"。早在二三万年前第四纪冰川时期过后，地球上很多树种都绝灭了，我国南方一些地区，由于地形复杂，在局部地方保留下一些古老的植物，珙桐就是那时幸存下来的。现在在湖北的神农架、贵州的梵净山、四川的峨眉山、湖南的张家界和天平山以及云南省西北部,可以看到零星的或小片的天然林木。它们大多生长在海拔1200~2500米的山地。在分布区内常常可以看到高达30米,直径1米,树龄在百年以上的大树。为了保护这一古老的孑遗植物,它被国家列为一类保护树种,并把分布区划为国家的自然保护区。

# 古稀植物——银杉

银杉是我国特有的世界珍稀物种,和水杉、银杏一起被誉为植物界的"大熊猫""活化石"。

远在地质时期的新生代第三纪时,银杉曾广布于北半球的欧亚大陆,在德国、波兰、法国及苏联曾发现过它的化石,但是,距今200~300万年前,地球发生大量冰川,几乎席卷整个欧洲和北美,但欧亚的大陆冰川势力并不大,有些地理环境独特的地区,没有受到冰川的袭击,而成为某些生物的避风港。银杉、水杉和银杏等珍稀植物就这样被保存了下来,成为历史的见证者。

银杉在我国首次被发现的时候,和水杉一样,也曾引起世界植物界的巨大轰动。那是1955年夏季,我国的植物学家钟济新带领一支调查队到广西桂林附近的龙胜花坪林区进行考察,发现了一株外形很像油杉的苗木,后来又采到了完整的树木标本,他将这批珍贵的标本寄给了陈焕镛教授和匡可任教授,经他们鉴定,认为就是地球上早已灭绝的,现在只保留着化石的珍稀植物——银杉。50年代发现的银杉数量不多,且面积很小。自1979年以后,在湖南、四川和贵州等地又发现了十几处,共计1000余株。

银杉是松科的常绿乔木,主干高大通直,挺拔秀丽,枝叶茂密,尤其是在其碧绿的线形叶背面有两条银白色的气孔带,每当微风吹拂,便银光闪闪,更加诱人,银杉的美称便由此而来。

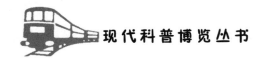

# 国宝水杉

1943年,植物学家王战教授在四川万县磨刀溪路旁发现了三棵从未见到过的奇异树木,其中最大的一棵高达33米,胸围2米。当时谁也不认识它,甚至不知道它应该属于哪一属、哪一科?一直到1946年,由我国著名植物分类学家胡先辅和树木学家郑万钧共同研究,才证实它就是亿万年前在地球大陆生存过的水杉,从此,植物分类学中就单独添进了一个水杉属、水杉种。

一亿多年前,当时地球的气候十分温暖,水杉已在北极地带生长,后来逐渐南移到欧洲、亚洲和北美洲。到第四纪时,地球发生大量冰川,各洲的水杉相继灭绝,而只在我国华中一小块地方幸存下来。1943年以前,科学家只是在中生代白垩纪的地层中发现过它的化石,自从在我国发现仍然生存的水杉以后,曾引起世界的震动!被誉为植物界的"活化石"!目前已有50多个国家先后从我国引种栽培,几乎遍及全球!我国从辽宁到广东的广大范围内,都有它的踪迹。

水杉是一种落叶大乔木,其树干通直挺拔,枝子向侧面斜伸出去,全树犹如一座宝塔。它的枝叶扶疏,树形秀丽,既古朴典雅,又肃穆端庄,树皮呈赤褐色,叶子细长,很扁,向下垂着,入秋以后便脱落。水杉不仅是著名的观赏树木,同时也是荒山造林的良好树种,它的适应力很强,生长极为迅速。在幼龄阶段,每年可长高1米以上。水杉的经济价值很高,其心材紫红,材质细密轻软,是造船、建筑、桥梁、农具和家具的良材,同时还是质地优良的造纸原料。

## 含蛋白质最多的植物

随着世界人口的不断增长,对粮食的需要量也不断增长。

近几十年来,人们主要是靠推广良种、施用化肥、喷洒农药、耕作机械化、改善灌溉系统等办法来提高粮食产量,但是这需要消耗大量的石油、煤等物质。同时,产量的提高在一定条件下总有个限度。因此,需要充分利用地球上丰富的植物资源增加食物的品种,同时提高食物的质量,以不断满足人类的需要。

小球藻人们是熟悉的,它是一种绿藻,繁殖能力很强。它能利用太阳光制造大量的蛋白质,一般含蛋白质50%,超过牛肉、大豆等高蛋白质食物,所以营养价值很高。

螺旋蓝藻的蛋白质含量比小球藻还要高,是已被发现的含蛋白质最高的植物。螺旋藻的个体比小球藻大100倍,蛋白质含量竟达68%,是瘦肉的3倍多,是半肥半瘦猪肉的8倍多。所以,螺旋蓝藻是未来大有希望的食物之一。

## 含维生素C最多的植物

维生素C又叫抗坏血酸,是维持人体正常活动不可缺少的营养物质。它能使人筋骨强健,提高人体抵抗各种疾病的能力。

有些儿童吃饭的时候,专挑荤菜吃,素菜不沾边,这样日子久了,齿龈会出血,呼气有臭味,贫血、气管炎等病也跟着发生。这主要是缺乏维生素C所引起的。

正常情况下,成年人每天需要维生素C 50～100毫克,幼儿30～50毫克,喂奶妇女150毫克。

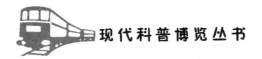

人体内的维生素C主要是从新鲜蔬菜和水果中取得的。由于维生素C在身体内不能积累,所以我们每天都需要吃适量的蔬菜和水果。一般叶菜类和酸味浓的水果中维生素C含量比较多。如果按照100克鲜品计算,白菜、油菜、香菜、菠菜、芹菜、苋菜、蕹菜、菜苔等含30~60毫克,豌豆、豇豆、萝卜、芥菜、苤蓝、黄瓜、番茄等有40~50毫克,而苦瓜、青椒、香椿、鲜雪里蕻等能达到60~90毫克;水果中柑橘类、荔枝、芒果、草莓等25~50毫克,红果80毫克,枣子以及野果中的中华猕猴桃、软枣猕猴桃、狗枣猕猴桃等200~400毫克,玫瑰和沙棘等500~700毫克。含维生素C最多的是刺梨,每100克中含量达1500毫克。

商品价格高的食品,维生素C的含量不一定高。例如苹果、梨、葡萄是3~5毫克,而心里美萝卜却是34毫克;蔬菜类的大蒜和韭黄不足16毫克,而青蒜则达77毫克。

维生素C不耐高温,在70℃以上时部分维生素C就会受到破坏。因此,蔬菜炒煮时间不宜太长。

## 会散发浓郁芳香气味的花卉

"香花"(scentedflowers)一语,并非植物学或园艺学上对花朵的正式分类或严谨的学术用语,而是通俗化的归类称呼。"有花皆香",哪怕是原生于东南亚印尼,体形为全世界最大,但其味道实则令人难以忍受的"莱弗士花",它的腥膻臭味也可被认为是一种独特的"异香",依然有蜂蝶昆虫被它的独特气味所吸聚而回绕周旁。很多种类的花朵皆蕴藏有"油细胞",会不断分泌出芳香油,或是在新陈代谢的过程中产生具浓郁芬芳气味的成分,散发出沁人的香味,深受人们喜爱。此等香味浓烈的花卉,分布极为广泛,各地均有栽培,春夏两季常是它们盛产的季节,单是台湾即有数十种之多,而究竟有多少种则因每个人对香气的感受程度不同,难有明确的界定。同样的一种花,有人认为仅属清淡,有人却觉得香气过于浓重以致无法忍受,还曾有人因邻居栽植的"夜来香"味道重得致其失眠而引发纷争。虽然,就大部分人而言对于花卉当是"宁可爱其香"了,但是由于各人对嗅觉的敏锐度和可承受度俱不相同,因而难免会影响其对不同种类香花的差别喜好程度。

### 1. 紫罗兰(Stock,学名为 Matthiolaincana)

紫罗兰与花椰菜、青花菜、高丽菜……等同属十字花科(Cruciferae),是一年生的草本植物,绿中带白的叶片呈狭长状。花朵绽开于枝梢,有单瓣与重瓣之分,花色则有紫、紫红、紫蓝、粉红、白等多种,都能散发出清香怡人的芬芳香味,适合作为盆栽或于花坛中栽育。原生于地中海沿岸的紫罗兰,于欧美地区及日本都很常见,在台湾地区的栽培尚不普遍,唯从另一角度观之,它则深具有可待开发的空间;另则有一种和三色堇、香堇菜同属堇菜科(Violaceae)的植物 Violet,中文名亦译作紫罗兰,常被茶商用作为紫罗兰花茶的材料,然则两者有别,不宜混淆。

通常,紫罗兰的植株在叶片生长逾10片以上时,株体便2足够苗壮,倘又能适逢15~20℃的长稳低温期,则能发育成花序既长、且花朵排列紧密的优良产品,而在气温常年暖和的地区,紫罗兰反而不易长成。台南区农业改良场曾突破气候上的限制,采用品质良好的紫罗兰19个切花种品种和6个盆花种品种,于初秋时分择128格穴盘试种20天,再将只有6~8片叶片的苗株移入设定温度为10℃的生长箱2至4周,之后又移植到温室内或花盆中,兼以生长素喷施,从而育成了可在台湾秋、冬季节自然开花的早生种紫罗兰,较其正常的花期提早10~15天,茎部与花序也皆可栽

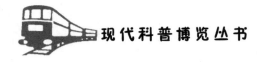

育得比原生种长。

若在10月时,甫以盆花品种配合紫罗兰的苗期,借由低温处理生产高品质盆花,则恰好可于春节前上市于盆花市场,获得最佳的经济利益。应用类似的技术也可延长紫罗兰产期,使其延至晚春的较高温季节生长。富含香气,以紫色为主又颇艳丽的紫罗兰,正如同熏衣草一般的广受大众喜爱,倘能更普遍的推广种植,必能一跃而为新兴的花卉。

### 2. 山黄栀(Gardenia,学名为 Gardeniajasminoides)

黄栀花是属于茜草科(Rubiaceae)、黄栀子属(Gardeni-a)的常绿性灌木或小乔木,别名有栀子花、黄栀子、雀舌花以及林兰、木单、鲜支、越桃等,种类繁多,近约百种,在我国计有7种,山黄栀则为其中的一种。山黄栀的株干高约2至4公尺,分布华南、中南半岛、日本和中国台湾地区,于全台湾低海拔山区的向阳山坡或阔叶树林中均常见到野生之山黄栀,另于公园、庭园及校园亦常见到以人工栽植者,并适合作为盆栽、盆景及绿篱、庭园之露天栽培。黄栀树在我国古时即被视作是高经济性植株,其花果根叶俱有用途,司马迁着之《史记》货殖列传中曾载有"…千亩栀茜,其人与千户侯等…"之语句,不难想知黄栀树确属价值匪浅之作物。现今台湾地区的黄栀花盛产地系以桃园县之山坡地和彰化县田尾乡为主,主要是作为造园、造景与推动公共工程时美化环境之用。

山黄栀的叶片呈对生状,为椭圆形或长椭圆形,先端锐尖,两面光滑,近于无柄,托叶基部合生成鞘筒状;于仲春至初夏的3～6月时段开花,花为伞形花序,花形系呈单瓣之貌,乃自细小的枝丫开出白色花朵,为3～4朵腋生或顶生,花瓣则有6枚,清香扑鼻,晒干后尚可当作花茶香料,故颇受园艺界之喜爱,花谢时渐转为乳黄色,为中国典型香花植物之一;秋、冬时可结成长椭圆形的浆果,果有五棱,果皮成熟后呈橘黄色,常吸引白耳画眉、绿绣眼、绣眼画眉和白头翁等鸟类前来啄食,果实含黄色素(crocin),因得作为黄色染料遂被取名"黄栀",且可加工制成食用色素,也可供作药材。山黄栀的花香味,实乃因其蕴涵的benzyl-acetate、linalool-acetate 与 an-thranylic-methylester....等精油成分散发出来的。以香花植物的花卉制作成花茶、花水备供酌饮浸泡之自然疗法甚告风行,而黄栀花正是业者极爱选用的香花植物之一。

耐旱性颇佳的黄栀花,生长适温范围为22～28℃,适合于高温湿润和日照充足、排水良好的环境,植地的土壤以稍带黏性的壤土为佳。本性强韧的黄栀花发根力强,一般的繁殖系以扦插法为主,亦可用播种法及压条法繁殖。扦插法得在3～4月的春季或9月的初秋季节行之,选择长约20公分、直径约1公分,生长良好枝丫,斜插于花床并经妥善遮护,约经一个月便可发根,俟扦插成活后翌年即可移植本圃;播种法往往于9、10月为之,虽可获得较多量的子代,但因需等两三年方会开花,以致除了育种、采种之外不常使用;压条法则适合于春季俾有较高的成活率,1至2年后植株就可长出茂盛娉婷的花朵,花期完后宜修剪过于丛密杂乱或枯萎零弱的枝条,并于秋、冬季节施行追肥和进行换土,以便促进翌年的蓬发兴茂。

### 3.含笑花(Bananashrub,学名为Micheliafigo)

含笑花为木兰科(Magnoliaceae)、含笑花属(Michelia)之常绿性灌木或小乔木,别名含笑美、笑梅、含笑梅或香蕉花,最后一个别名乃肇源于其浓郁厚重的香味略似熟透的香蕉,英文之Banan-ashrub又直译为香蕉灌木,但其实含笑花株和香蕉树两者在植物分类上相去甚远。它比较适合于pH值为5.0～5.5的微酸性土壤,

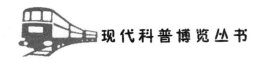

株体高约1～2公尺,茎干因有微小的疣状突粒故略显粗糙、树皮呈灰褐色,花芽、幼小枝丫上和叶背中脉长有黄褐色的细绒毛;革质光滑、全缘互生状的叶片为椭圆形或卵形;直立状的花朵系单生于叶腋,于3～5月盛开,花径2～3公分,乳白色或淡黄色的花瓣通常为六片,花瓣常微张半开,又常稍往下垂,呈现犹如"美人含笑"似的欲开还闭之状,在四川和邻近省份则因其花苞似梅而称作"含笑梅"。

在我国,含笑花古来即为众人熟稔喜爱的香花植物,宋赋"含笑赋"序中曾撰曰"…南方花木之美,莫若含笑;绿叶素荣,其香郁然…"。盖其气味香醇浓久却不浊腻,并且是极佳的天然香料,得用以轧炼出芬芳的香油,尚可采摘其花卉供作为制茶时佐用的香料。含笑花属内之植物近约有50种,其性较不耐寒,故大都散布于亚洲的热带、亚热带和温带地理区,而我国原产者即多达三十余种,主产于南方各省诸如江西南部、广东、福建以及台湾一带之山坡地,野生形态者多半混生于南方的阔叶树林中。现台湾全省各地均有栽种,但多半集中于桃园、彰化、埔里与台南,以盆栽销售为主,庭园造景次之。在园艺用途上,主要是栽植2～3公尺之小型含笑花灌木,作为庭园中备供观赏暨散发香气之植物,当花苞膨大而外苞行将裂解脱落时,所采摘下的含笑花气味最为香浓。

含笑花可用扦插、高压法和嫁接法等方式繁殖。扦插法宜于7月下旬至9月上旬为之,可取犹未发出新芽、但留有3～8片叶子之木质化枝条或顶芽约15公分,于插穗基部沾附发根素插置于沙质土壤上,另予适当遮阴及保持环境湿润,约2～3个月即可生根,再于翌春移植;高压法系最适合于开花之后、即于4～5月间行之为最佳,若是选择株龄为2～3年之壮硕枝条进行土压,则经3～4个月即可生根;较不被业界常用的嫁接法,宜在5～6月间实施,常是以木兰作为砧木,成活之后可快速生长。根部肥厚多肉的含笑花,不耐移植,若实在必须进行移植时宜多带土球,而植株的修剪、整型则是以越冬之前为宜。

# 仅 剩 一 株 的 树 木

享有"海天佛国"盛名的普陀山,不仅以众多的古刹闻名于世,而且是古树名木的荟萃之地。

在普陀山慧济寺西侧的山坡上生长着一株称作普陀鹅耳枥的树木。这种树木在整个地球上只生长在普陀山,而且目前只剩下一株,可见,它该有多么珍贵!因此被列为国家重点保护植物。

普陀鹅耳枥是1930年5月由我国著名植物分类学家钟观光教授首次在普陀山发现的,后由林学家郑万钧教授于1932年正式命名。据说,在20世纪50年代以前,该树在普陀山上并不少见,可惜渐渐死于非命,只留下这一棵。遗存的这株"珍树"高约14米,胸径60厘米,树皮灰色,叶大呈暗绿色,树冠微扁,它虽度过许多大大小小的风雨寒暑,历尽沧桑,却依然枝繁叶茂,挺拔秀丽,为普陀山增光添色。

普陀鹅耳枥在植物学上属于桦木科鹅耳枥属。该属植物全世界约有40多种,我国产22种。分布相当广泛,在华北西北、华中、华东、西南一带都有它们的足迹。其中,有些利类木材坚硬,纹理致密,可制家具、小工具及农具等。有些种类叶形秀丽,果穗奇特,枝叶茂密,为著名园林观赏植物。

普陀山环境幽美、气候宜人,是植物的极乐世界,全岛面积共约12平方公里,到处华盖如伞,绿荫遍布。据统计,共有高等植物400余种,仅树木就有184种,有"海岛树木园"之盛名。那里有许

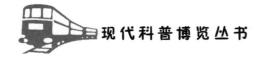

多古树名木,特别是古樟约有1200余株。此外,像楠、松、桧、柏、罗汉松等屡见不鲜。在国家重点保护植物中还有被誉为"佛光树"的舟山新木姜子;只有普陀山分布的全缘冬青以及银杏、红楠、铁冬青、青冈、蚊母树、赤皮桐等。

据目前报道,我国只剩一株的树木,除普陀鹅耳枥外,还有生长在浙江西天目山的芮氏铁木,又名天目铁木。这株国宝属于桦木科,铁木属。铁木属这个家庭共有4名成员。它们皆为落叶小乔木,分布于我国的西部、中部以及北部。可喜的是,仅剩的这株铁木1981年结了少数几粒果实,科学工作者已用它进行育苗试验,并进行了扦插繁殖。铁木材质较坚硬,可供制作家具及建筑材料用。

## 蕨 类 植 物 之 王 —— 桫 椤

在绿色植物王国里,蕨类植物是高等植物中较为低级的一个类群。在远古的地质时期,蕨类植物大都为高大的树木,后来由于大陆的变迁,多数被深埋地下变为煤炭。现今生存在地球上的大部分是较矮小的草本植物,只有极少数一些木本种类幸免于难,生活至今,桫椤便是其中的一种。

桫椤又名树蕨,高可达8米。由于它是现今仅存的木本蕨类植物,极其珍贵,所以被国家列为一类重点保护植物。从外观上看,桫椤有些像椰子树,其树干为圆柱形,直立而挺拔,树顶上丛生着许多大而长的羽状复叶,向四方飘垂,如果把它的叶片反转过来,背面可以看到许多星星点点的孢子囊群。孢子囊中长着许多孢子。桫椤是没有花的,当然也就不结果实,没有种子,它就是靠这些孢子来繁衍后代的。

蕨类植物的孢子和一般常见植物的种子很不相同,一般植物的种子落在适宜的土壤上,就能生根发芽,长成一棵新的植株。而蕨类植物的孢子落人土壤上之后,先要萌发长成一个心形的片状体,称为原叶体。原叶体是绿色的,下面生着假根,能独立生活。通常,在原叶体上长着颈卵器和精子器。有趣的是,当精子器成熟之后,里面的精子个个长着许多鞭毛,它们可以在水中游动到颈卵器里和卵细胞结合形成合子,合子仍然不断吸收原叶体上的养料,继续发育而成为一棵新的蕨类植物。

桫椤性喜温暖湿润的气候,分布在我国云南、贵州、四川、西藏、广西、广东、台湾等地,常常生长在林下或河边、溪谷两旁的阴湿之地。20世纪70年代末,在四川西部雅安市25公里的草坝合龙乡的核桃沟里,发现了成片稀疏生长的桫椤树。它们高约3米以上,径粗30厘米,生长在溪沟两旁的阴湿环境里,和杉木、芒箕蕨、狗脊等植物同居一处。据认为,雅安地区生长的桫椤,是我国桫椤分布的最北界。1983年4月,人们又在四川省合江县福宝区元兴乡甘溪口一带发现了300多株桫椤,其中有的高达3~4米,树冠直径5米,树干直径10~20厘米。上述地区的桫椤堪称国宝。

# 陆地上最长的植物

在非洲的热带森林里,生长着参天巨树和奇花异草,也有绊你跌跤的"鬼索",这就是在大树周围缠绕成无数圈圈的白藤。

白藤也叫省藤,我国云南也有出产。藤椅、藤床、藤篮、藤书架等,都是以白藤为原料加工制成的。

白藤茎干一般很细,有小酒盅口那样粗,有的还要细些。它的顶部长着一束羽毛状的叶,叶面长尖刺。茎的上部直到茎梢又长又结实,也长满又大又尖往下弯的硬刺。它像一根带刺的长鞭,随风摇摆,一碰上大树,就紧紧地攀住树干不放,并很快长出一束又一束新叶。接着它就顺着树干继续往上爬,而下部的叶子则逐渐脱落。白藤爬上大树顶后,还是一个劲地长,可是已经没有什么可以攀缘的了,于是它那越来越长的茎就往下堕,以大树当作支柱,在大树周围缠绕成无数怪圈。

白藤从根部到顶部达300米,比世界上最高的桉树还长一倍呢。资料记载,白藤长度的最高记录竟达400米。陆地上还有比这更长的植物吗?没有了!

## 飘得最高最远的花粉

植物开花后,要结出果实,必须把雄蕊的花粉传给雌蕊,使雌蕊受精。

美丽的鲜花可以用花蜜引诱昆虫,替它们当传送花粉的"媒人",可是玉米、杨树、松树的花,又瘦又小,有谁来给它们当"媒人"呢?它们不能吸引昆虫,只得由风来做"媒人"了。

由风来传播的花粉,又小又多。一朵花或一个花序上的花粉粒,少则数千,多则成万甚至数十万。所以一阵风来满天飞扬,似下雾一般。它们身小体轻,能够随风飘扬,飞得又高又远,近的几里,远的几十里、几百里。

花粉飞得最高、最远的记录,是松树的花粉创造的。它的花粉生有气囊,能够帮助飞行,使它可以升高几千米,越过山岭,跨过海洋,飘出几千里之外!

# 奇 特 的 调 味 树

（1）味精树。我国云南省贡山的青拉简山寨中，有一棵高约八丈的大树，人们烹调食物时，只要摘其上的一片树叶或刮一块树皮放入锅内，菜肴味道便格外鲜美，故该树享有"味精树"美名。

（2）糖树。柬埔寨生长着一种糖棕树，它开的花中含有丰富的甜汁，其含糖率达5%，可以收取甜汁用来制糖。一棵大树一年可产糖50公斤以上。

（3）醋树。在我国西北、华北山区，普遍生长着一种叫沙棘的灌木状小乔木，又名醋柳，其果实成熟后采摘压汁，色味如醋，当地人便用来代替醋用。

（4）盐树。我国东北地区有一种木盐树。它身高二丈，干粗枝壮。夏日炎炎，它却满身轻霜，远远望去，真是一副玉质冰肌，细细观察，却是凝结的一层盐霜，品品味道，毫不逊色于精盐。

（5）酒树。津巴布韦恰西河西岸和日本的一些地方，生长着一种能长年分泌含有酒精香味液体的树木，这种树分泌的液体已成为当地人的天赐美酒。

# 世 界 珍 稀 植 物 —— 秃 杉

秃杉是世界稀有的珍贵树种，只生长在缅甸以及我国台湾、湖北、贵州和云南。为我国的一类保护植物。最早是1904年在台湾中部中央山脉乌松坑海拔2000米处被发现的。

秃杉为常绿大乔木，大枝平展，小枝细长而下垂。高可达60米，直径2～3米，它生长缓慢，直至40米高时才生枝。枝密生，树冠小,树皮呈纤维质。叶在枝上的排列呈螺旋状。奇怪的是,其幼树和老树上的叶形有所不同。幼树上的叶尖锐,为铲状钻形,大而扁平,老树上的叶呈鳞状钻形,从横切面上来看,则呈三角形或四棱形,上面有气孔线。秃杉是雌雄同株的植物,花呈球形。其雄球花5~7个着生在枝的顶端。雌球花比雄球花小,也着生在枝的顶端。长成的球果是椭圆形的没有鳞片,苞片倒圆锥形至菱形。其种子只有5毫米左右长,带有狭窄的翅。

秃杉生长在台湾中央山脉海拔1800~600米的地方,散生于台湾扁柏及红桧林中,在云南西北部和湖北利川、恩施两县交界处也有发现。其树的顶端稍弯,小花蕊多至30个以上,种鳞多达36个。贵州省也发现了不少秃杉。它们多集中分布在苗岭山脉主峰雷公山一带的雷山、台江、剑河等县。在成片的秃杉林中,有不少是百年以上的参天古树,高达三、四十米。

秃杉在台湾是重要的用材树种。它的树干挺直,木质软硬适度、纹理细致,心材紫红褐色,边材深黄褐色带红,且易于加工,是建筑、桥梁和制造家具的好材料。此外,它还是营造用材林、风景林、水源林、行道树的良好树种。

秃杉属于杉科台湾杉属。它只有一个"孪生兄弟"——台湾杉,由于它们长相相似,又分布在同一地区,因此一般通称它们为台湾杉。但它们也还是有区别的,秃杉的叶较台湾杉的叶窄,球果的种鳞比台湾杉多一些。它们虽说都是珍稀树种,但比较起来,秃杉的数量更少,因此秃杉被列为国家一类保护植物,台湾杉屈居于第二类。


# 世 界 最 古 的 草 药 书

《神农本草经》是我国乃至世界上最古的草药专书。遗憾的是，大约在唐末宋初之时，渐渐失传。不过，好在我国古代自然科学典籍一般都将前人书籍中的有关内容基本全部保留下来，使后人得以了解它的概貌。

关于《神农本草经》的成书年代与作者，众说纷纭，莫衷一是，据考证，《神农本草经》最初仅只一卷，为战国时代扁鹊弟子子仪所著，其余部分为后代所增补。那么，为什么叫它作《神农本草经》呢？

首先说神农。历史学家们对神农的说法也各不相同。有的说神农指一个人，或者说神农与黄帝其实是一个人；有的说是两个人，有的认为是主持稼穑的神祇，或主管农事的官员；或说某时代的称号，或说一个氏族的总称；总而言之，是当时百姓中的圣贤，被崇拜的偶像。秦汉时期，为了使百姓对某事得到崇敬与信仰，便假托古时某位圣贤所为。"本草"是指用药(主要是草药)治病的经验总结，于是便假托于"神农"。秦汉时代的书籍用的是竹简或木简，为了不致零乱，要用丝线将其连贯起来，这就是所谓"经"。《神农本草经》的来源大体如此。

而今，我们所见到的《神农本草经》都是后人从历代本草著作中抄录而成的，被称为《神农本草经》辑本。从明清时代的辑本来看，就有七、八种之多，甚至连邻国日本还有4种辑本。

从辑本中，我们得知，《神农本草经》中所记载的药物365种。包括草、谷、米、果、木、虫、鱼、家畜、金石等。原作者把它们分为三种类型：上品、中品、下品。上品药为无毒、久服不伤人的强壮滋补类药物，如人参、甘草、大枣、枸杞、阿胶等，共120种；中品药为无毒或有毒，对疾病能起抑病、补虚作用的药物，如丹参、沙参、五味子、黄连、麻黄等等，共120种。下品药是有毒而性烈，可除寒热，破积聚的药物，如大戟、巴豆、附子、甘遂、羊蹄躅等，共125种。

每一种药物都列有异名、气味、出处、主治。对处方用药时应

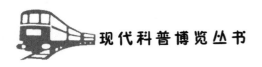

注意的药性以及配伍、禁忌都有详细说明。而且提到了包括内科、外科、妇科等170多种疾病的配方。同时,在采药、制药及用药方面也给后人留下了宝贵的经验。

《神农本草经》自问世以后一直广泛流行,直到唐末宋初才渐渐失传。它对我国药物学的发展有深远的影响。历代本草医药专书,都是以《神农本草经》所载药物为基础增添修订所成的。如南朝陶弘景的《神农本草经集注》,唐代的《新修本草》,宋代的《开宝草经》《嘉祐本草》《本草图经》《证类本草》,明代李时珍的《本草纲目》,如果追溯其本,无一不是从《神农本草经》发展而来。

# 寿命最长的叶子

常青的松柏,它的叶子是永远不凋落的吗?不,松柏也是要换叶子的,不过,它的叶子不是一下子全部凋落,而是一部分一部分地换,所以看起来松柏永远郁郁葱葱。松柏叶子的寿命也的确比桃李等落叶树的叶子长,可以生存三到五年。

那么世界上哪种植物叶子的寿命最长呢?这要数非洲西南部沙漠中的"百岁兰"的叶子了。

百岁兰外形奇特,它的茎又短又粗,高只有一二十厘米,可是茎干周长却达4米,与平放着的大卡车轮胎相仿。这种植物只有两片叶子。叶子初生时质地柔软,为适应干旱的沙漠环境,以后逐渐变成皮革那样。这两片叶各长2~3米,宽30厘米,两片叶拼在一起,比一张单人草席还要长出一大截。这种叶子的先端逐渐枯萎,叶肉腐烂,剩下的木质部分纤维卷盘弯曲,再加上又粗又短的茎干,人们远远望去,还以为是伏地的怪兽呢!

世界上还有比这更大的叶子,也还有比这更奇形怪状的叶子,但是没有比百岁兰更长寿的叶子了,它的叶子寿命竟长达100年以上。

# 寿命最长的种子

过去曾经有过一个消息,说是埃及的金字塔里发现了千年前的小麦,种下去仍然能够发芽生长。后来才知道,这是不法商人为了骗取钱财搞的一个卑劣的骗局。

植物种子的寿命,短的只有几天,甚至几小时,一般的有几个月、几年,寿命超过十五年,已算是长命的了。

那么,世界上有没有千年不死的最长命的种子呢?有的,那就是我国的古莲子。这是1951年在辽宁省普兰店泡子屯村的泥炭层里发现的。人们推断它们已在地下静静地睡了一千年左右,但是它们并没有死亡。我国科学工作者用锉刀轻轻地把古莲子外面的硬壳锉破,然后泡在水里,古莲子不久就抽出嫩绿的幼芽来了。北京植物园1953年栽种的古莲子,在1955年夏天就开出了粉红色的荷花,沉睡千年的古莲子被人们唤醒了。不少国家的植物园从我国要去了这种莲花种子,并已栽种成活。

古莲子的寿命为什么有这样长呢?原来植物种子离开它的"母亲"之后,它就有了独立生存能力。生命的长短,与种子本身的构造及贮藏条件的好坏有着密切的关系。古莲外面这层坚韧的硬壳把自己保护得好好的,又深深埋藏在较干燥的泥炭层里,这是古莲子长寿千年的秘密。

# 寿命最长和最短的花

在自然界里,有千年的古树,却没有百日的鲜花,这是什么道理呢?因为,花儿都是比较娇嫩的,它们经不起风吹雨打,也受不了烈日的曝晒,因此一朵花的寿命都是比较短促的。例如:玉兰、

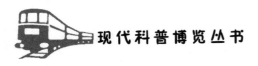

唐菖蒲等能开上几天;蒲公英从上午七时开到下午五时左右;牵牛花从上午四时开到十时;昙花从晚上八九点钟开花,只开三四个小时就萎谢了。由于它开花时间短,所以有"昙花一现"的说法。

你也许以为昙花是寿命最短的花吧?不是。南美洲亚马孙河的王莲花,在清晨的时候露一下脸,半个小时就萎谢了。世界上寿命最短的花是小麦的花,它只开5分钟到30分钟就谢了。

世界上寿命最长的花,要算生长在热带森林里的一种兰花,它能开80天。

## 树 干 最 美 的 树

林中亭亭玉立的白桦树,除去碧叶之外,通体粉白如霜,有的还透着淡淡的红晕,在微风吹拂下,枝叶轻摇,十分可爱,仿佛是一位秀丽、端庄的白衣少女。

白桦是一种落叶乔木,最高的可达二十几米,胸径1米有余。其树干之所以美丽,是因为上面缠着白垩色的树皮,如果你用小刀在树干上划一下,就能一层一层地把树皮剥下来,剥好了,可以剥得很大,仿佛是一张较硬的纸,你可以在它上面写字、画画,还可以用它编成各种玲珑的小盒子或者制成别致的工艺品,别有一番情趣。

白桦的叶子是三角状卵形的,有的近似于菱形,叶缘围着一圈重重叠叠的锯齿,其叶柄微微下垂,在细风中飒飒作响。白桦的花于春日开放,由许许多多的小花聚集在一起,构成一个柱状的柔软花序。果实10月成熟,小而坚硬。有趣的是,其果实还长着宽宽的两个翅膀,可以随风飘荡,落在适宜的土壤上就能生根发芽,繁衍后代。

白桦在植物学上属于桦木科、桦木属。白桦的兄弟姐妹共有40多个,分布在我国的约有22个,其中有身着灰褐色衣料的黑桦,披着橘红色或肉红色外套的红桦以及木材坚硬的坚桦。

坚桦树皮暗灰色,不像白桦那样可以一层层剥皮,其木材沉重,入水即沉,素有"南紫檀,北杵榆"的声誉。杵榆就是坚桦的别名。它可作车轴、车轮及家具等用,而且树皮含单宁,可提制栲胶。坚桦分布于辽宁、河北、山东、河南、山西、陕西、甘肃等省的高山上。

白桦尚有一位大名鼎鼎的兄弟,因其木材最硬,人唤作"铁桦树",它只生长在东北中朝接壤的地方,它甚至比钢铁还硬,堪称"世界硬木冠军"。

白桦自身还有几个变种,如叶基部宽阔的宽叶白桦,树皮银灰色至蓝色的青海白桦,树皮白色、银灰色或淡红色的四川白桦,等等。皆为园林树木中之佳品。

白桦木材黄白色,纹理致密顺直,坚硬而富有弹性,可制胶合板、矿柱以及供建筑、造纸等用。树皮除提白桦油供化妆品香料用外,还有药用价值。

白桦为温带及寒带树种,分布于东北、华北及河南、陕西、甘肃、四川、云南等地。为我国东北主要的阔叶树种之一。尤其在大小兴安岭林区,差不多要占整个林区面积的四分之一以上,它常常和落叶松、青秆、山杨混交成林,和平共处。

北京的百花山及东灵山也有美丽的天然白桦丛林,远远望去,犹如一群群白衣少女在轻歌曼舞。